大展好書 好書大展

飲食保健 2

好吃、具藥效
茶料理

小國伊太郎
德永睦子／著
劉雪卿／譯

大展出版社有限公司
DAH-JAAN PUBLISHING CO., LTD.

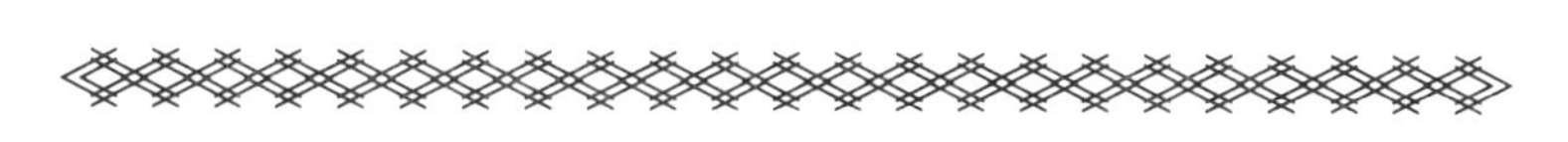

前　言

翻開茶的歷史，其實它最早是被當作藥物來使用。

中國是茶的發祥地。昔日中醫學的始祖、也是中國古代傳說中的始祖—神農，他嚐百草，求醫藥，在山野中採食藥草，確定其藥效，假使中毒了，便以茶的葉子幫助解毒。

這個傳說出於唐代文人陸羽所著的第一本茶專門書『茶經』，這本書也針對茶的效能作了許多記述，當時（西元七七〇年間）便已將茶當成保健飲料而廣為流傳。

茶傳入日本始於平安初期（西元八〇〇年間），渡海至唐的僧侶最澄、空海及永忠等，將之當作藥物帶回日本。

而實質上日本飲茶的始祖，應該是鎌倉時代的禪僧榮西，他所著的『喫茶養生記』中敘述「茶為養生的仙藥，是延命的妙術」。

其後，茶道、靜寂、蒼老等日本俳劇中的茶湯，成為日本文

化的原點之一。到了江戶時代，茶已經變成「日常茶飯」，是一般人民不可或缺的飲料，在這段時期內有重大的變化。

長期以來，茶一直是人們身邊隨手可得的飲料，而到了最近，又成為具有預防癌症及其他成人病效果的健康飲品。

茶的主要成份是澀味的「兒茶酚」，以及維他命、礦物質等，具有多樣的藥效，此乃經過科學探究而得知的結果。最近「直接食用茶葉」的攝取法，最能達到茶的藥效之說法，也大為盛行。

本書是第一本將健康食品「茶」整理為食譜的書，希望讀者於喝茶、吃茶、作茶料理以及品味茶文化的香氣之餘，還能同時享受藥效的好處。

目　錄

好吃又具有效能——茶料理

可吃、可喝
——茶是超級的黃綠色蔬菜

茶葉的淵源——回顧茶葉的文化及歷史

茶的威力

綠茶本來只是一種飲料，但是最近已經和藥草一樣，除了喝之外還可當作食用蔬菜，大受重視。

實際上，將茶葉直接呑食，是吸收茶所具有的全部藥效之最佳方式。不僅可以飲用，還可以食用，更能獲得完整的有效成份，因此用茶來作料理，自然是可行的。

茶不僅香氣濃醇而且色彩柔和，可以增加餐飲上的華麗感，而且在每天的飲食生活中能夠隨手取得，何不享受茶料理的樂趣呢？

降低膽固醇

兒茶酚具有減少血中的壞膽固醇（ＬＤＬ膽固醇）的功用，使血栓不易形成，可以預防動脈硬化。

●料理法：參照 16 頁
○效能：參照 106 頁

防止油的氧化

兒茶酚可防止食物中所含的脂肪氧化，目前已經被利用來作為天然的氧化防止劑。它能夠防止老化，對於癌症也很有效。如果在油炸食物中加入茶，便能防止油的氧化。

●料理法：參照 18、20 頁
○效能：參照 112 頁

預防癌症

茶葉所含的兒茶酚，能抑止癌的增殖，具有抑制癌症發生的作用。此外，還含有豐富的預防癌症成份，如胡蘿蔔素、維他命C、維他命E及食物纖維等。

●料理法：參照 20、22 頁

○效能：參照 94 頁

防止細菌及病毒增殖

茶中所含的兒茶酚，也具有抑止細菌增殖的抗菌作用，以及使毒素無毒化的抗毒素作用。

○效能：參照 115 頁

・防止食物中毒　將魚浸泡於茶汁中或塗抹在魚上，如此作成的料理，可以因為茶的殺菌作用、抗毒素作用，而使得食物能夠保存較久且有效預防食物中毒。壽司加入茶，便可以在防止食物中毒上發揮功能，是絕妙的搭配組合。

●料理法：參照 28、30 頁

・預防蛀牙　兒茶酚亦可防止蛀牙細菌增殖，同時防止牙垢形成，此外，茶所含的氟素成份還能強化牙齒的表面。

●料理法：參照 36 頁

・消除口臭　具有消除大蒜臭味的強力功用，並可以殺死在口中繁殖的細菌。飯後喝一杯茶，對消除口臭非常有效。

●料理法：參照 36 頁

・預防感冒　茶還具有使流感菌病毒不活性化的作用，因此用茶漱口對於感冒的預防有效。

●料理法：參照 24 頁

脫臭效果

在新鮮的魚上塗抹茶汁，或用茶來洗魚，可以去除腥臭味。將茶渣置於冰箱或米糠鹽、烤魚的網子上，能夠防止腥味及臭味。

●料理法：參照 14、38 頁

其他效果

茶葉的主要效果，還有降血壓作用、降血糖作用、消除結石效果，而且可以去除抽煙所引起的口臭。

此外，享受茶色與茶香也是一種樂趣；藉著日本茶或抹茶，並能獲得心靈的平靜。

●料理法：參照 26、32、34、80 頁

○效能：參照 123 頁

茶的成份及效能

茶具有那些成份以及作用呢？
茶中包含了許多成份，而這些成份分別
會產生不同的作用及效果。

兒茶酚

一般稱為丹寧，是茶的主要成份。

具有抑制癌症發病的作用、防止腫瘤作用、防止氧化作用、降低血中膽固醇的作用、抑制血壓上升的作用、抑制血糖值上升的作用、抑制細菌增殖作用、抑制流感菌病毒增值作用以及脫臭作用。

咖啡因

去除疲勞感、睡意的作用，以及利尿作用、強心作用。

多糖類

具有降低血糖的作用。

氟素

能夠強化牙齒的表面，預防蛀牙。

維他命C

消除壓力、增進抵抗力。

維他命B群

具有調整糖質代謝的作用。

維他命E

具有抑制氧化作用、防止老化作用。

γ一氨基酪酸

具有降低血壓作用。

類黃酮

具有強化血管壁作用、預防口臭作用。

茶氨酸

此為氨基酸的一種，是日本茶中的甘味成份。

茶料理的秘訣

——有效引導出茶的效能

消除魚的腥味及粘液

消除生魚所獨具的腥臭，用茶洗是最合適的方法。

所謂茶洗就是以熱水泡茶葉，作成茶汁，冷卻之後，將生魚浸泡於其中，用茶汁來洗滌之意。

由於茶汁中具有兒茶酚的作用，因而能有效去除生魚的腥臭及粘液，這就是用茶洗生魚的妙用。

此外，對於造成嚴重食物中毒的肉毒桿菌，以及其他許多食物中毒菌，具有抗菌作用。如此一來，連生魚片也可以安心食用了。

茶的濃度方面，以我們日常飲用的濃度（○・一%）為準即可，如此便能達到充分的抗菌力。

鮮魚生魚片

材料：生魚（竹莢魚、小沙丁魚、青花魚等）400g、茶葉2大匙＋熱水4杯、適量的大葉、蘿蔔、山葵、青蔥等作為佐料醬之用。

①將熱水注入茶葉，作成茶汁，冷卻後使用。

②準備好三塊帶皮的生魚，放入①的冷卻茶汁洗滌。

③用乾的抹布擦去魚的水分，然後剝皮、切片。

④泡茶汁後所使用的茶葉，可以和青蔥一併切碎，作為佐味醬料之用。

降低膽固醇

在火鍋沸騰的湯汁中涮肉，主要為了去除肉中的油脂。

而如果在湯中加入茶汁，更能輕易地去除脂肪，因為茶汁能使肉的多餘脂肪排除，具有降低膽固醇的作用。

涮豬肉時，由於茶的芳香可以移轉特有的腥臭，使得火鍋更為清爽。

除了使用於料理中，也可以養成在用餐後喝茶的習慣，更能防止膽固醇蓄積在體內。

生菜火鍋沙拉

材料：里肌肉（薄切）200g、茶葉15g、茄子1根、豆芽菜、生菜、紅椒適量，無油的佐醬（鹽2小匙、胡椒少許、醬油1大匙、高湯5大匙、醋3大匙、米酒½大匙、食用茶、芝麻粉各1大匙）

①將茶包或用紗布包著的茶葉，放入5～6杯煮沸的水中（材料之外）煮。

②豬肉5～6塊加入①中，開火、涮肉，然後用竹簍撈起，瀝除水分。

③茄子川燙後瀝乾水分，與其他蔬菜都切成小段塊或細絲。

④製作添加茶的無油佐醬。

關　鍵

將茶葉放在茶葉包中較方便。

防止油的氧化

油炸天婦羅或其他油炸品時，因為長時間的油炸，往往令人擔心油被氧化。

但是，由於茶有抗氧化作用，只要在油炸粉中混合茶渣，就能防止油的氧化。

其使用方法為：將上茶或泡過一次的茶葉（茶渣）混入油炸粉中，就可產生效果。

所以喝過的茶葉不要丟棄，馬上放入冰箱冷凍保存，隨時取用非常便利。

而帶有茶香的油炸食品，更是十分美味好吃。

茶與炸蝦

材料：泡過一次的茶葉3大匙、櫻花蝦20g、新鮮牛蒡50g、油炸粉（麵粉50g、蛋$\frac{1}{2}$個、冷水$\frac{1}{4}$杯）、炸油適量、茶鹽（炒過的鹽1小匙、粉茶或食用茶1小匙）、生菜葉適量。

①將牛蒡切細、切碎，放入醋水（材料之外）中，以去除澀液。

②製作天婦羅的油炸粉。將蛋打散、加入冷水充分攪拌，再加入麵粉輕輕混合均勻。

③將茶葉、櫻花蝦及牛蒡放在碗中，加入少量②項的材料，全部混合之後，以中火油炸。

④用砂鍋將鹽炒鬆，添加入食用茶中，作為茶鹽之用。假使沒有砂鍋時，也可以煎鍋、長柄平鍋代替。

關　鍵

沖過一次的茶葉，其色、香呈最佳狀態。

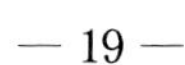

防止油質腐敗

放在冷藏室中風乾的食物非常好吃，但是會擔心油的腐壞。時間一長，脂肪就容易氧化而變成有害的過氧化脂質，此為導致癌症或成人病的主要原因之一。這時，用茶來洗滌十分有效，可以在風乾或燒烤之前使用此法。茶中的有效成份兒茶酚，可防止氧化，同時達到殺菌效果。

用茶洗過之後，再浸泡於鹽水中，令食物的風味更佳。

茶鹽風味風乾食品之作法

材料：小竹莢魚8尾、茶葉3大匙＋熱水4杯、鹽適量。

①先將竹莢魚用刀剖開，去除腮與內臟，清洗乾淨。

②用冷茶汁洗滌①的魚，再加入鹽；或者直接將鹽加入茶汁中，濃度大約和海水差不多，浸泡魚30分鐘。

③放在通風良好處，風乾3～4小時。

乾飯

料：竹莢魚乾二塊、冷茶汁、熟飯適量、白麻、粉茶各適量。

烤之前將冷茶汁放在碗中，洗滌魚乾，然後用抹布擦掉水份再烤。

將魚身剝開，和芝麻一起混合在熱飯中。如果灑上粉茶，飯會更香。

關　鍵

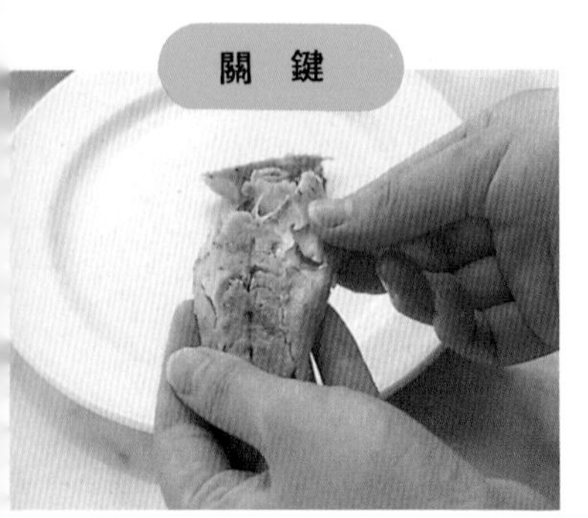

須先將刺剔除。

攝取胡蘿蔔素，維他命C、E以及食物纖維

癌症可分為原發引發與催化轉移二階段作用，而茶所含的兒茶酚，對這二階段都有阻礙作用的功能，相信各位已經知道了。其他如茶中的胡蘿蔔素、維他命C、E、食物纖維等，也都有報告顯示具抑制癌症發生的作用。

茶可以說是防止癌症的食品尖兵，尤其是沖泡過一次的茶葉，食用上最具效果。

日式蔬菜沙拉

材料：胡蘿蔔50g、蒟蒻50g、乾香菇2朵、下煮汁（高湯$\frac{3}{4}$杯、砂糖1$\frac{1}{3}$大匙、淡味醬油$\frac{2}{3}$大匙）、和衣（豆腐$\frac{1}{3}$塊、白芝麻3大匙、白味噌2大匙、砂糖2大匙、鹽$\frac{1}{4}$小匙）、上等茶葉5g或蒸過茶葉10g。

①如果使用新鮮的綠茶葉，可以泡在鹽水中；如果不是生茶葉，則可以先用水或熱水泡過再取出茶葉，輕輕瀝乾水份。

②胡蘿蔔、蒟蒻切小丁，乾香菇以水泡軟後切小丁，材料攪拌後加入下煮汁的調味料，煮後撈起備用。

③接下來製作日式和衣。將豆腐熱水燙過，除去水份；白芝麻炒香、磨碎，加入豆腐再調味，攪拌混合均勻。

④將茶葉加入③項的和衣中，與煮過的材料混合。

預防感冒

兒茶酚與病毒的蛋白質一旦結合，病毒的感染力便會被削弱，而且即使僅是少量攝取，也能促使病毒不活性化，其效果非常卓著。

在感冒的季節，外出回家後喝一杯茶，就不必擔心感染了！

此外，茶也能提高免疫機能的作用，對於感冒的預防有效。

有一句話說「粗茶梅乾醫生走開」，表示當吃得太飽或感冒初期，飲用一杯梅乾茶，具有痊癒效果。而生薑茶則可發揮溫體效果，對於體質較冷的人來說，不妨多多飲用。

茶武士則是將半熟的蛋及黑砂糖、切細的長蔥加入茶中，古有「氣根藥」之稱，為了保持健康，此為不可或缺的健身飲料。

生薑茶

材料及作法：將少量的生薑泥加入粗茶或煎茶中。

茶武士

材料及作法：在大茶碗中放入4～5g的柴魚及味噌一茶匙，注入以沸騰熱水泡開的茶即可。

梅乾茶

材料及作法：茶碗中放入一個烤過的梅乾，再將熱的粗茶注入即可。

茶粥

材料：米1杯、茶葉3大匙＋熱水7杯、鹽、食用茶各少許、其他喜歡的材料。

①熱水注入茶葉中，取出5～6杯茶汁，待其冷卻。米洗淨後，浸泡茶汁30分鐘。
②將①置於爐火上，煮到沸騰後關小火，燜煮30～40分鐘。必須注意的是，在此期間不要作任何攪動。
③加入少許的鹽調味，再把茶及切成小丁的蔬菜灑於其上。
＊泡過一次的茶葉可用來煮粥，就不須浪費丟棄，或者可用作配粥的小菜，也別有一番風味。（參照57頁）

可以將小魚骨煮到變軟

將小魚浸泡於茶汁中，可以除臭；而用茶汁來煮小魚，可以將小魚煮到骨頭都可以食用的柔軟程度。

煮時使用粗茶就足夠了！將熱水注入粗茶，作成茶汁，便能夠用來煮東西，煮好之後再加入食用茶，更能提高香氣。而且它具有防止脂肪氧化之作用，並使得食物可保存更久。

用茶煮魚，魚骨會軟化，對於想補充鈣質的人來說，是值得推薦的好方法。

茶煮沙丁魚

材料：沙丁魚12尾、粗茶2大匙＋熱水3杯、梅乾2個、A（醬油4大匙、砂糖1½大匙、料酒3大匙、酒4大匙）、生薑泥、食用茶各1大匙。

①熱水注入粗茶中，作成二杯茶汁。

②沙丁魚去除頭及內臟，由腹部剖開。

③鍋中加入①的茶汁、梅乾以及A的調味料煮至沸騰，然後加入②的沙丁魚及生薑，煮到煮汁只剩少許為止。

④將沙丁魚取出。盛入器皿中，灑上食用茶。

使食物長久保存

茶除了給食物添加風味，同時還具有防止食物腐敗的作用，將粉茶灑於食品上，即可達到充分的效果，可以保存較長的時日。

茶以粉茶使用起來較為方便。例如，烤魚時可以直接灑在魚上，但若於烤前灑上，茶葉較易焦黑，因此應於快烤好時再灑粉茶較好。

茶烤魚

材料：霸魚或鰤魚切成四小段、粉茶一小匙。

①魚抹上鹽（材料之外），放置20～30分鐘。

②燒熱烤網，將①項魚塊置於其上燒烤，烤大約8分鐘左右時可灑上酒（材料之外）及粉茶，就算烤好了。

預防食物中毒

到壽司店去吃飯，往往最後會端上一大碗湯，其上漂浮著粉茶，這是有其道理的。因為壽司中含有一些生的材料，食用時會有腐敗的疑慮，而茶正具有預防食物中毒的效果，具有使食物及體內的細菌毒素解毒，與抑制細菌增殖的作用。不僅是抑制而已，它對於由霍亂弧菌、腸炎弧菌、葡萄球菌所引起的中毒症狀與下痢等，也能夠加以改善。

茶的抗菌性及抗毒素作用，對於防止食物中毒能發揮極大的幫助，因此「壽司的最後一道菜」堪稱是前人智慧的結晶。

當我們到海外旅行時，往往有食物中毒或下痢的顧慮，不妨隨身帶著茶包，沖泡熱水即可飲用，這是十分寶貴的好方法。

竹莢魚握茶壽司

材料：小竹莢魚4尾、米2杯、壽司醋（醋$\frac{1}{4}$杯、糖2大匙、鹽$\frac{1}{2}$小匙）、煎茶或玉露$1\frac{1}{2}$大匙、白芝麻3大匙、佐料適量（生薑、長蔥、山葵等）。

①煮飯時間較平常少蒸5分鐘左右。飯中加入壽司醋，以飯匙攪拌直至出現光澤為止。

②煎茶加入水$1\frac{1}{3}$杯（材料之外），浸泡3～4分鐘，待茶葉泡軟後輕輕擠乾水分，然後切碎。茶汁可用來洗魚。壽司飯與茶葉及白芝麻混合攪拌。

③將竹莢魚切成三片，灑上薄薄的鹽，然後用茶汁清洗，去腥味，再剝皮。

④以製作握壽司的要領，輕輕握出茶壽司，接著將竹莢魚片覆蓋其上，將形狀整理一下。然後便可依各人喜好配上生薑泥、青蔥或茶等佐料。

關 鍵

享受茶香之樂

烘培茶具有十分宜人的芬芳香氣。將茶葉經大火烘培之後，便能引出獨特的茶香，此即為烘培茶，以這個要領，同樣用茶來燻製食物，便能在食用時享受茶的香味了。

燻製並不需要特別的道具，只要使用中國炒鍋及網子便能夠燻製食物。將炒鍋及蓋子包上鋁箔紙，再架上網子，茶葉則使用粗茶或烘培茶即可，在鋁箔紙上覆蓋一層混合砂糖的茶葉，架上網子後放置待燻製的東西。打開爐火，便開始冒出具有茶的獨特香氣的煙，煙燒完之後，顏色變成焦糖色，也能增加食物的甘甜。

最適合用茶燻製的材料，是乾的柳葉魚。任何人都能在短時間內簡單的製作，希望您一定要試試看。

煙燻柳葉魚

材料：柳葉魚10尾、粗茶或烘培茶½杯、中顆粒砂糖3大匙、番茄1個、生薑、檸檬各適量。

①使用附蓋的深平底鍋或炒鍋，將鍋的內側及蓋子都包上鋁箔紙，鍋子底部也要鋪上鋁箔紙。
②鍋中放入茶葉及砂糖，架上鐵網然後放上柳葉魚。
③蓋緊蓋子之後開火，當煙冒出後便轉小火，顏色變成焦黃色時即告完成。燻製時間大約十五分鐘。
④以番茄等生蔬菜、檸檬等裝飾。

關　鍵

茶葉與砂糖要很勻，然後平鋪於鋁箔紙上。

享受色彩及風味

如果想同時享受茶的色澤及風味，則非抹茶莫屬。抹茶是將蒸過、乾燥後的茶葉，用臼磨碎而成，其中含有全部茶葉的營養，假使能夠了解使用於料理的方法，必能對我們產生很大的幫助。

假如，在高湯裡加入抹茶，會呈現鮮翠的綠色，非常的漂亮。抹茶是會溶解的，所以不需要煮，這是保持其顏色與風味的秘訣。

利久椀

材料：花枝½杯、金針菇少許、高湯4杯、鹽1小匙、酒2小匙、淡味醬油½小匙、水溶性的栗粉少許、抹茶1小匙。

①將花枝去皮，斜切成薄片，灑上鹽輕抓，然後裹上栗粉（材料之外），放入沸騰水中川燙後撈起備用。

②將剩餘的調味料放入高湯中調味，加進一點點水溶性栗粉勾芡，再將溶解後的抹茶加進去。

③碗中盛入花枝及金針菇，然後將加入抹茶的高湯②慢慢注入碗中。

關　鍵

用圓竹刷溶化後，於食用前再加入湯中。

預防口臭及蛀牙

用餐後喝一杯茶，有預防口臭及蛀牙的效果。兒茶酚能夠將造成蛀牙原因的蛀牙菌，有效地殺滅；此外，兒茶酚還能對齒垢中由糖所形成的葡聚糖物質的生成有抑制作用。茶中也含有氟素，氟素可作為預防蛀牙之用，塗在牙齒上或加在牙膏裡，能夠強化齒質，是很有用的元素。

大多數的口臭都是由於牙周病等原因，生成製造出口腔內細菌的揮發性硫黃化合物所引起的，而兒茶酚對於牙周病病原菌具有抗菌作用，所以用含有兒茶酚的溶液來漱口，便能抑止口臭。

另外，市面上還販售一種含有綠茶抽出物，可以預防口臭的口香糖，綠茶抽出物的主要成分即為兒茶酚。

飯後一杯茶，可以讓你的口腔保持清潔，而且對於吸煙所引起的牙垢也有清除效果哦！

茶的飲品

材料：煎茶汁2½杯、梅乾1個、生薑絲、鹽少許。

①在稍微淡的茶汁內，加入少許鹽。

②在小茶碗裡放入二片梅肉及生薑絲，將①的茶汁注入碗內。

冰箱、米糠瓦甕、烤魚器的除臭劑

茶不僅能消除口臭，經過實驗證明，它還具有除臭的效果。將乾燥的茶渣放置於烤魚的器具上，烤魚網上的魚腥味及充滿在房間裡的魚腥臭，都能立刻消除；將茶葉放置於米糠瓦甕或冰箱中，也具有轉移臭味的作用。把茶汁裝於洗手指碗內洗滌，亦有效果。

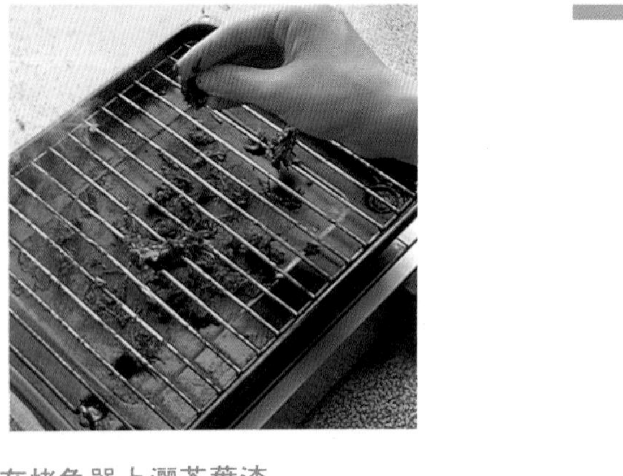

在烤魚器上灑茶葉渣

烤過魚之後，可以把過期的茶葉或茶渣灑於烤網上，便能去除烤魚器上的氣味，同時消除房間裡的魚腥味。

冷藏庫中放茶渣可作為除臭劑

將茶葉渣曬乾後裝在小容器中，放置於冰箱的一角，便是很有用的除臭劑，不管是魚、蔬菜或調味料等的氣味，都能立即消除。

將茶汁裝在洗手指碗內

吃完螃蟹或蝦子後，可以利用茶汁來洗手指，能夠去除腥臭。此外，手處理過肉或魚之後，也可以用茶渣來洗，既有除臭效果又能清潔。

米糠瓦甕中也適合放茶渣

在公寓內的米糠瓦甕，通常會產生異味，因此將乾茶渣包在紗布中，放置於瓦甕內，就能吸收瓦甕中傳出的臭味。也可將它放在碗櫥中當作除臭劑來使用。

「茶料理使用茶」的活用術

製作茶料理時，期待能產生什麼效果呢？其實，使用不同種類的茶分別有各種的效果。假使能了解各種生茶的特徵，便更能按照下頁開始介紹的料理法，善加活用了。

沖過一泡的茶葉

這種茶葉是經過熱水沖泡，已經喝過的茶葉渣，所以稱為沖過一泡的茶葉。它可以和在油炸粉或飯中，使用起來有青菜的感覺。茶葉的種類有煎茶或玉露等，可以因料理的不同加以選擇使用。將之保存於冷藏庫或冷凍庫中，隨時可以取用，非常方便。

茶葉泥

這是由日本靜岡縣茶業試驗場所開發出來的產品，乃將茶葉先以熱水蒸過，然後放入碾碎機中攪成糊狀，再添加維他命C及蛋白質所製成。我們也可以用泡過一次的茶葉，以攪拌器攪成糊狀，製作出類似的成品。

茶　汁

所謂茶汁就是以熱水沖泡茶葉所得到的茶，濃度只要依日常飲用的標準即可。使用於洗魚、洗肉或烹煮時。

抹　茶

因為茶葉的所有成分都包含於其中，所以抹茶的營養價值達到滿分。只要直接溶於水中，就能輕鬆的享用，使用時可以充分享受到香味及色彩。

粉　茶

市面上所販售的粉茶，是以煎茶或玉露在加工過程中掉出的渣和篩選的芽為原料。粉茶（亦可將煎茶用果汁機或研缽磨碎成粉）與麵包粉混合，便能夠加以使用。

粉末茶

此乃將煎茶研磨成粉狀的一種新型茶葉，粉末狀與抹茶類似，也可溶於水，使用起來也很方便。

≪特別加工的茶葉≫

食用茶

這是一種從栽培到製茶工程皆是以食用為目的來製作的綠茶。茶葉乃經過嚴格的篩選，並經過特別的加工，細細的搗碎，食用起來茶色非常美觀，因此可以直接灑在食物上或混合使用，十分地方便。

好吃又具有效能

茶料理

前　菜

具有澀味的
大人開胃菜

海扇及綠茶冷盤

材料：海扇8個、沖過一泡的茶葉10g、生菜、芹菜各適量、冷盤調醬（沙拉醬3大匙、番茄醬、醋、沙拉油各1大匙、鹽、胡椒粉適量）

①將海扇橫切為二份。
②將冷盤調醬的所有材料混合製作。
③盛放於器皿中，並淋上醬料。
④上面裝飾沖過一泡的茶葉。

茶蛋黃花

材料：白煮蛋4個、沙拉醬1½大匙、鹽、胡椒少許、粉茶少許、裝飾菜適量

①白煮蛋橫切為二份，取出蛋黃。將蛋黃搗成糊狀，加入鹽、胡椒及沙拉醬。
②在蛋白中擠上①的材料，灑上粉茶，然後以生菜裝飾即可。

茶奶油起司菊苣板

材料：起司200g、茶泥２大匙或抹茶５g、菊苣、番茄適量。

①讓起司在室溫下變成奶油狀，然後加入茶泥或溶解過的抹茶，使其變為淡綠色。

②在菊苣上將①的材料擠出成星形，並將番茄切成細丁，裝飾於其上。

★茶的淡淡澀味與起司味正好相合，茶與屬性相合的起司搭配組合，是非常美味可口的菜。

油漬沙丁魚的茶烤麵包

材料：三明治用的麵包４片、油漬沙丁魚１罐、粉茶１小匙、奶油、沙拉醬少許。

①將麵包切成細長的四等分，稍微烤過後塗上奶油，然後擺上沙丁魚。

②把粉茶灑在①上，擠上沙拉醬。

蔬　菜

具有豐富維他命的蔬菜，與茶搭配能發揮雙重藥效

花椰菜的茶美乃滋

材料：花椰菜（大）1個、茶美乃滋（沙拉醬½杯、牛乳1大匙、粉末茶1小匙）、生菜、白煮蛋、食用茶各適量，鹽、胡椒少許。

①將花椰菜用鹽洗淨後，加入麵粉（材料外）放入水中煮至顏色變白、微硬後取出，泡一下冷水，然後瀝乾水分，切成小塊，再灑上鹽、胡椒粉備用。

②沙拉醬與牛乳及粉末茶（或抹茶）混合均勻，淋在花椰菜上。

③器皿舖上沙拉菜，將②盛放其上，並把白煮蛋的蛋黃搗碎與食用茶一起灑於其上。

包心菜茶湯

材料：包心菜（含蕊）400g、洋蔥（中）1個、奶油2大匙、麵粉2大匙、湯3杯、牛乳2杯、鹽、胡椒少許、鮮奶油½杯、抹茶或粉末茶1大匙。

①洋蔥切細絲，以奶油炒至柔軟，加入麵粉再炒一會兒，然後注入湯，放進切細絲的包心菜，一起煮到柔軟為止。

②將半量的牛乳稍微加熱，放在果汁機中攪至漿狀。

③鮮奶油以及鹽、胡椒調味料加入其中。

④抹茶以二大匙的水溶化後，用湯匙澆入湯中，再以筷子描畫成圓形，會呈現出如大理石般的紋路。

★包心菜有胃藥之稱，是一種高藥效的蔬菜，再添加茶後，便能同時享受藥效與色彩之美，乃為一道健康的湯。

蒟蒻與海帶的綠茶沙拉

材料：新鮮蒟蒻1張、什錦海帶（乾燥）30g、蘿蔔5cm、小黃瓜1根、蘘荷3個、綠茶醋味噌（芥末2小匙、白味噌60g、砂糖2大匙、醋4大匙、料酒1大匙、粉茶1大匙）。

①蒟蒻洗淨後切成薄片，將什錦海帶泡開。蘿蔔、小黃瓜切成細絲備用，蘘荷也切細絲備用。

②製作綠茶醋味噌。將調味料依份量混合，在食用之前加入粉茶。

③把①項盛入器皿中，待其充分冷卻再添加②項的綠茶醋味噌。

★如果能夠買到新鮮茶葉，可以摘取嫩葉部份煮過或蒸過來添加，苦味只有少許，也可以使用蒸茶葉。

抹茶糊的芋頭包子

材料：芋頭（帶皮）700g、菜碼（乾香菇3枚、雞絞肉100g、醬油、砂糖、片狀栗粉各少許），抹茶糊（高湯1杯、淡味醬油1大匙、料酒2大匙、鹽⅓小匙、抹茶2小匙、片狀栗粉1小匙），豆苗適量。

①芋頭洗淨、連皮蒸熟，蒸至鬆軟後，趁熱將皮剝下，然後芋頭攪拌至糊狀。

②準備菜碼。將乾香菇泡軟後切細絲，用油先熱炒香菇絲，然後放入絞肉一起炒，再加入醬油、砂糖及片狀栗粉拌炒，熄火。

③將①項分為四等分攤在保鮮膜上，再將②的菜碼放在中間包起來，作成丸狀之後蒸4～5分鐘。（也可以使用微波爐）

④製作抹茶糊。按照份量將高湯與調味料煮好，加入用二大匙溫水（材料之外）溶解的抹茶及片狀栗粉，煮成糊狀後淋附於③項上。最後擺上燙過的豆苗。

材料：15cm長的蓮藕（粗）一節、雞絞肉100g、粉茶 2 小匙，炸油、芥末、醬油各適量。

①蓮藕選擇粗的，且孔穴愈大愈好。連皮洗淨後切成一半，以便於釀肉。

②將粉茶與絞肉混合，蓮藕切口朝下，一邊轉動、一邊將絞肉塞進孔穴之中。

③切成1.5cm的厚度，不需裹油炸粉，直接放入較低的中溫（170℃）油中，慢慢地炸熟。

④將油濾乾後盛盤。沾芥末醬油即可食用。

在盤子上邊轉動，邊將肉塞入洞穴中。

南瓜的茶天婦羅

材料：南瓜（中）¼個（300g）、蓮藕½節（80ｇ）、大葉四片、天婦羅的油炸料（雞蛋１個與１小杯冷水混合、麵粉１杯、粉茶１大匙）、醬油露適量、茶鹽（粉茶７：炒鹽３）

①南瓜切為7mm的厚度。蓮藕去皮後切片，泡在醋水（材料外）中去除其澀味。

②將蛋打散，加入冷水，再加進麵粉混合均勻，然後再加粉茶，作成茶油炸料。

③①項裡上茶油炸料，用中溫油炸。

④食用時可依各人喜好，沾醬油露或茶鹽。

★油炸料中加入粉茶的最佳時機，是在油炸前才加。

黃豆及雞翅膀的茶煮

材料：黃豆（水煮）300g、雞翅膀500g、醬油２大匙、炸油適量、調味料（酒３大匙、醬油４大匙、糖１大匙、水３杯、煎茶１½大匙）、蒸過的茶葉少許。

①雞翅膀先用二大匙的醬油塗抹均勻之後，去除水氣，接著以高溫油炸至金黃色。

②將①項的雞翅膀與水煮黃豆一起放入深鍋中，加進水到淹滿材料的程度，然後放入調味料，再添加裝入煎茶的茶包一起煮。需時時翻動鍋底，煮30～40分鐘。

③煮後加上川燙過或蒸過的茶葉。

★這道菜拜煎茶之賜，沒有多餘的肉油脂及臭味。

綠色的炸丸子

材料：馬鈴薯（中）４～５個（500g）、洋蔥（中）１個、碎牛肉200g、奶油２大匙、粉末茶１大匙、豆蔻少許、豌豆３大匙、鹽、胡椒各少許、油炸料（麵粉、雞蛋、麵包粉各適量）、炸油、切細絲包心菜適量。

①馬鈴薯整個煮熟，剝皮，趁熱搗碎，或切成四份來煮亦可。

②平底鍋中熱溶奶油，放入洋蔥炒至水份揚起，再加進牛肉以大火拌炒；然後放鹽、胡椒、豆蔻，蓋上鍋蓋直至燜出煮汁。

③將①項與豌豆、②項混合，再灑上粉末茶，舖平待其冷卻。然後分為８～10個等分，作成小丸子。

④丸子依順序裹上麵粉、蛋汁、麵包粉，在180℃的油中炸至金黃色。

抗癌的濃湯

材料：培根2條、蒜頭1粒、洋蔥½個、包心菜2葉、紅蘿蔔⅓根、芹菜½根、煮過的黃豆½杯、高湯4杯、番茄汁1罐、煎茶1大匙、沙拉油1大匙、硬麵包少許、鹽、胡椒少許。

①用熱水將培根稍微燙過，切成小段；蒜頭搗碎，洋蔥及其他蔬菜都切成1cm的丁狀。

②在深鍋倒進沙拉油加熱，先將蒜頭及洋蔥炒香，然後加入高湯、番茄汁及①項的蔬菜與煮過的黃豆。

③沸騰後若有浮油，則將浮油撈掉，然後加進煎茶，慢慢地燉到全部材料煮軟為止。

④以鹽、胡椒調味。最後將法國麵包等硬麵包剝成小塊，加入湯中以增加口感。

★茶葉可以替代綠色蔬菜來使用，相當便利。另外，茶帶有的些許澀味，可以用番茄的味道蓋過。

茶馬鈴薯

材料：新鮮馬鈴薯（小）30個，炸油、炒鹽、食用茶各適量。

①新鮮馬鈴薯連皮洗淨，去除水氣。大的則切成二份。

②將①項放進低溫熱油中炸，隨時攪拌，讓所有馬鈴薯呈均勻的金黃色。

③炸好後儘快灑上炒鹽及食用茶，趁熱食用。

★剛炸好的馬鈴薯可使茶的香味更上一層，建議使用良質的茶葉，可以作為點心或配啤酒的小菜，作法十分簡便。

南瓜的茶春捲

材料：冷凍南瓜200g、雞絞肉150g、醬油、切碎的蒜頭各１小匙、洋蔥½個、牛乳１杯、沖過一泡的茶葉１大匙、鹽、胡椒少許、春捲皮、檸檬、番茄醬各適量。

①平底鍋燒熱後，放入雞絞肉及切碎的生薑、蒜頭、洋蔥拌炒，然後加進冷凍的南瓜、牛乳，蓋上蓋子燜煮至材料柔軟為止。接著以鹽、胡椒、檸檬汁調味，酸味可依個人喜好增加。待冷之後，再加入茶葉拌勻。

②將春捲皮切成三等分，作成圓筒狀，裝入①項的菜碼，包成三角形。

③麵粉調水（材料之外），春捲的末端用手指沾麵粉水粘合，再放入油中炸。

④可添加番茄醬或檸檬來食用。

每一個春捲的菜碼以1½大匙為準。

茶及菠菜的蔬菜包子

材料：皮（麵粉500g、砂糖⅓杯、鹽少許、乾酵母15g、溫水１杯、豬油１大匙）、蔬菜餡（菠菜或大白菜、芹菜、筍一共300g、乾香菇５朵、煎茶２大匙）、Ａ（鹽½小匙、砂糖1½大匙、酒１大匙、醬油１大匙、麻油１大匙、片狀栗粉１大匙）。

①麵粉之中混入砂糖及少許的鹽，再加入酵母、溫水、豬油混合均勻，用手揉至耳垂般的硬度。放置於乾燥的場所30分鐘，作第一次發酵，以手指按壓，若能彈回，即表示已發酵完成。

②將菠菜或大白菜稍微用水煮過，瀝乾水分，然後與芹菜、筍一起剁碎，再加入沖過一泡的茶葉，以Ａ來調味。

③將①的麵團分成10～12等分，各搓為球狀，包入②的蔬菜餡，靜置10分鐘作第二次發酵。然後放入蒸籠中，以強火蒸７～10分鐘。

用手指將麵皮捏成包子狀。

章魚義大利麵

料：義大利麵200g、煮過的章魚0g、蒜頭1顆、沙拉油2大匙、、胡椒少許、醬油2小匙、食用1大匙、檸檬等適量。

①在沸水中加入鹽，將義大利麵煮熟。章魚切成薄片。

②平底鍋熱沙拉油，放入切薄片的蒜頭，以小火炒香至呈焦黃色，再加進章魚、義大利麵一起拌炒，最後以鹽、胡椒、醬油調味。

③盛盤時灑入食用茶拌勻，再添加檸檬於盤緣。

★章魚是與茶很相合的材料，這是有宜人香味的一道日式海鮮義大利麵。食用茶請於關火後再加進其中。

章魚用茶汁煮過後，較易變軟。

茶醬海鮮沙拉

材料：花枝1隻、干貝8個、蝦8隻、生菜、番茄適量、茶醬（法式醬½杯、粉末茶1小匙）、食用茶適量。

①花枝剝皮、稍微煮過，然後切成輪狀；干貝川燙後切成2～3塊；蝦子煮過後剝殼。生菜及番茄切成適合食用的大小備用。

②茶醬等到要食用之前再製作。

③將①項盛於器皿中，淋上②項醬料，再灑上食用茶。

★茶遇到酸容易褪色，因此要在食用前才調醬較好。

魚　蝦

茶的有效成份與清香，可以去除腥臭味

綠焗海鮮

材料：蝦200g、洋蔥切細條3大匙、海扇或螃蟹100g、草菇100g、白酒2大匙、奶油1大匙、鹽、胡椒少許、綠醬（奶油2大匙、麵粉2大匙、牛乳2杯、抹茶2小匙、鹽、胡椒少許）、起司粉、麵包粉、食用茶各少許。

①將洋蔥、挑過沙的蝦、貝類、草菇用奶油炒過，再淋上白酒加以蒸煮。

②以作白醬的方法，在平底鍋溶化奶油，將麵粉炒到不至於焦黃的程度，倒入調好的牛乳及抹茶，再以鹽、胡椒及①項的蒸汁調味。

③把①項材料放入塗了奶油的焗盤中，淋上②項的綠醬，灑上起司粉與麵包粉。放進微波爐以強火烤至焦黃，再灑上食用茶。

鮭魚茶派

材料：鮭魚切成 4 等分、食用茶或煎茶 2 小匙、派皮 3 塊、蛋 1 個、白酒 2 大匙。

①鮭魚塗抹鹽後，醃漬一會兒備用。

②將鮭魚排列於平底鍋上，淋上白酒後蒸煮，待蒸熟再剝皮。

③派皮平舖，對折，在一面放上②項材料，然後灑食用茶於其上。將邊緣塗抹蛋白，再以另一面覆蓋其上，作成好像魚形一般。

④把剩下的蛋黃加水打散，塗抹於派皮上，放入微波爐以強火烤15～20分鐘。

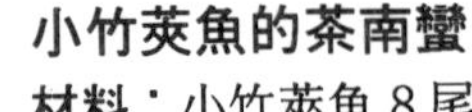

小竹筴魚的茶南蠻

材料：小竹筴魚 8 尾、洋蔥 1 個、紅蘿蔔½根、麵粉、炸油適量、南蠻液（水¼杯、茶包 1 袋、海帶 5 cm、柴魚 1 包、酒¼杯、醋⅓杯、醬油½杯、砂糖 2 大匙、辣椒 2 根）。

①小竹筴魚去魚鱗、鰓及內臟，以茶汁洗淨。

②抹去水氣，裹上一層薄薄的麵粉，油炸。

③在鍋中將南蠻液的調味料混合，煮一下。洋蔥及紅蘿蔔切細絲。

④將炸好的竹筴魚並排於盤中，舖上洋蔥及紅蘿蔔絲，再把③項的汁澆於其上，靜置一會兒即可食用。

油炸茶果

材料：白肉魚200g、鹽、胡椒少許、香蕉1根、麵粉、蛋適量、茶麵包粉（麵包粉1½杯、食用茶2大匙）、炸油適量、茶醬（煮蛋1個、沙拉醬½杯、牛乳1大匙、食用茶2小匙）、新鮮蔬菜適量。

①將白肉魚切成1.5cm的寬度，加入鹽、胡椒調味。香蕉則切成一口可食的輪狀大小。

②麵包粉加入食用茶，作成茶麵包粉。

③把①項依麵粉、蛋汁、茶麵包粉的順序裹上油炸料，放入中溫的油裡炸成漂亮的顏色。

④煮熟的蛋切碎，與沙拉醬、牛乳及食用茶混合，作成蛋黃醬，可添加於炸好的食物旁。

★炸出來的食物帶有淡淡的茶香，可掩蓋魚的腥味。因為茶很容易焦，所以最好不要炸得太久；同時最好將食物切小塊，以縮短油炸時間。

充分混合麵包粉與食用茶（或粉茶）

茶風味的青花魚壽司

材料：青花魚切成2片或3片、壽司飯2½杯、煎茶2大匙＋熱水3杯、醋½杯、芥末適量、甜醋醃漬的海帶8片、甜醋醬油適量。

①青花魚抹鹽，醃約一小時。

②以熱水沖泡煎茶，取出茶汁待其冷卻，茶葉則瀝乾水份備用。

③將①的青花魚上之鹽洗淨，放在盤子中，淋入冷卻的茶汁浸泡五分鐘（茶洗），可去除其腥臭味，同時具有很好的殺菌效果。

④在茶汁中洗過之後，再放進醋中洗。

⑤將④項的醋中洗過的青花魚，去除其血塊，然後橫向切開，輕輕地壓平。

⑥在青花魚上抹芥末，並灑上沖泡過一次的茶葉，重疊於作成棒狀的壽司飯上。棒壽司以角棒將之壓緊，再覆蓋海帶於其上。

用茶汁洗魚時，要不時地翻動魚身

清淡的茶丸子火鍋

材料：魚漿300g、煎茶3大匙＋熱水5杯、A（鹽1小匙、淡味醬油1大匙、料酒1大匙）、蝦5尾、紅蘿蔔、白菜、豆苗、金針、生麩、玉蕈等適量、酸橘等佐味醬適量。

①用熱水沖泡煎茶，製作美味的茶汁。

②將①項沖過一泡的茶葉輕輕擠乾，混合入魚漿內，作成茶丸子，大小以容易入口為準。

③①項的茶汁以A調味後，加入茶丸子、蔬菜類、蝦等煮成火鍋。

★茶汁可作為清淡的湯底，不損及茶的清香；再添加酸橘等佐味醬更加美味。

小乾白魚炒茶葉

材料：二泡的玉露茶葉2大匙、小乾白魚2大匙、油1大匙、酒2大匙、醬油2大匙、料酒2大匙、白芝麻適量。

①喝過的茶葉擠乾水分，保存於冷藏室或冷凍庫內（收集3～4次），便可用來作這道菜。而若能使用上述材料中的茶葉則最佳。

②將①項的茶葉用油稍微炒過，加入小乾白魚，再順序加入酒、砂糖、醬油調味，炒至水分乾掉，再放進料酒炒出光澤，於起鍋前加白芝麻。

清淡味的煮豬肉

材料：豬里肌肉塊600g～1kg、煎茶或粗茶2大匙、煮熟的蛋4個、調味料（醬油1杯、酒½杯、料酒½杯、蒜頭2片）、棉線少許。

①將豬肉用棉線整個綁緊成圓柱形。

②在深鍋中加滿水，放入煎茶的茶包及①項的豬肉，水要能淹沒肉才行。蓋上鍋蓋，以小火燜煮約40～50分鐘。白煮蛋剝殼備用。

③在另一個鍋子煮調味料，煮至出味為止。將肉取出，與蛋一起放入同樣的調味料中浸泡半天以上。必須經常翻動，使得味道能夠均勻。

★茶能夠去除多餘的脂肪，同時增加風味，這是一道味道十分清淡的煮豬肉。

可以去除肉的腥臭及多餘脂肪，十分清淡的肉料理

豬肉火鍋

材料：火鍋用豬肉400g、菠菜2把、豆腐1塊、生香菇100g、紅蘿蔔、白蘿蔔各100g、佐料（蔥、蘿蔔泥適量）、橘醋適量、煎茶或粗茶汁約5～6杯。

①製作茶汁，加入鍋內約八分滿。

②先將肉片稍微以水川燙過，可減少肉的腥味。

③菠菜洗淨瀝乾，豆腐切丁，香菇刻花備用；紅、白蘿蔔洗淨，削皮後橫切，浸泡於水中。

④將①項的茶汁煮沸以後，放入豬肉及蔬菜煮，份量依個人喜好，可沾佐料及醋一起食用。

★火鍋是相當方便的一種料理方式。茶具有除臭作用，可以去除豬肉獨特的腥臭味。

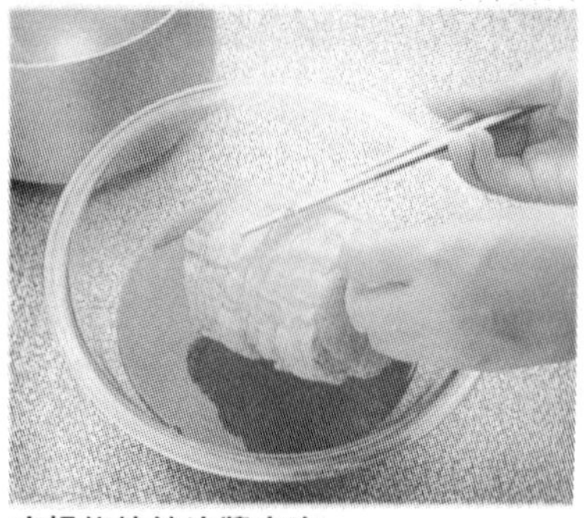

直接綁棉線沾醬來吃。

日式臘腸

材料：豬絞肉500g、煎茶2大匙＋熱水½杯、鹽⅓小匙、砂糖1大匙、酒1大匙、胡椒少許、鋁箔紙、芥末醬油適量。

①用熱水沖泡煎茶，作出沖過一泡的茶葉，將茶葉的水份擠乾。

②豬肉加入鹽、砂糖、茶汁及酒，放在研鉢中搗至有粘性為止。

③將②項與①項的茶葉混合，攪拌均勻。

④在鋁箔紙上塗抹薄薄的一層油（材料之外），把③項的材料包成粗棒狀，兩端捏緊。

⑤鍋中將水煮沸，以70～80℃溫度煮④項，注意要時常調整火力。

⑥煮熟後將鋁箔紙撕去，放在平底鍋上稍微煎一下，將更加美味。

雞肉茶鹽燒

材料：雞腿1隻（土雞）、茶鹽（鹽1大匙、粉茶1小匙）、酒、蔥適量。

①雞肉抹上少許鹽醃一下，然後直接置於網子上燒烤約八分鐘，烤至兩面均呈金黃色。

②灑上一點酒，再將茶鹽全部灑於其上，然後再稍微烤一會兒。烤好後切成容易食用的大小即可。

③附上烤過的蔥。

茶鹽肉丸子

材料：豬絞肉300g、A（生薑汁1小匙、鹽¼小匙、醬油2小匙、酒1大匙）、蛋（小）1個、片狀栗粉1大匙、茶鹽（食用茶1大匙、烤鹽⅔大匙）、煎茶或食用茶、芹菜各適量。

①將絞肉以A的調味料調味，然後加進蛋、片狀栗粉混合攪拌均勻，作成約2.5cm大小的丸子。

②把鍋中的油加熱，以180℃的溫度將丸子炸成金黃色，然後灑上食用茶。

③製作茶鹽，另外盛於別的盤子中沾食。

雞肉湯

材料：切成大塊的雞肉400g、乾魷魚（小）½隻、乾香菇（小）8朵、白蘿蔔、蓮藕、紅蘿蔔各50g、醬油少許、煎茶2大匙＋熱水7杯、鹽、淡味醬油、酒各少許。

①以熱水沖泡煎茶，作成茶汁當成高湯來使用。將茶葉濾出。

②將雞肉稍微川燙後，再加以洗淨，放入①項的茶汁中。乾魷魚切短絲，香菇泡軟，蘿蔔、蓮藕與紅蘿蔔切片，全部加進茶汁中，再灑上切好的生薑絲。把全部材料一起慢慢燉煮一個小時。

③以鹽、淡味醬油、酒調味，並加入剩下的沖泡一次之茶葉。

雞蛋•豆腐

茶葉可以提味，
鮮艷的綠色可使
菜餚色彩大增

蛋、豆腐的茶風味湯

料：豆腐⅔塊、雞蛋2個食用茶1大匙、番茄¼個湯5杯、鹽、胡椒少許

①將豆腐的水氣輕輕瀝乾，放在碗裡，用發泡器打碎，然後把打好的蛋慢慢倒入其中拌勻，再加入食用茶。

②五杯湯煮沸後，加鹽及胡椒調味。

③當②項的煮沸時，將①項以「の」字形寫法均勻的倒入鍋中，蓋上蓋子、熄火，稍微燜一會兒。此時豆腐便會浮上水面。

④番茄切成小丁，放入湯中調色。

茶風味的蘑菇派

材料：派皮（麵粉250g、鹽½小匙、奶油100g、蛋黃1個、冷水⅕杯）、蘑菇類300g、培根50g、A（蛋3個、牛乳1杯、鮮奶油¾杯、鹽、胡椒少許）、粉茶少許。

①製作派皮。將奶油與麵粉混合，然後再加上蛋黃、冷水，揉約30分鐘。

②將①以擀麵棒擀成約3mm厚的麵皮，鋪在圓形模型上，放入烤爐以170℃的火力烤10分鐘。

③把蘑菇類剁碎，用奶油稍炒一下，以鹽、胡椒調味後，放入②項的派皮上。

④將A放在碗裡，打入蛋汁混合均勻，再倒入③項中，以180℃的火力烤約30分鐘。

⑤烤好後灑上粉茶，以增添其香味。

★粉茶於熱的時候灑上較好。

茶炒蛋

材料：培根4條、馬鈴薯2個、蛋4個、鹽、胡椒少許、牛乳2大匙、食用茶2小匙、生菜、油各適量。

①將馬鈴薯切成1cm的小丁，煮熟。

②打蛋，加入鹽、胡椒、牛乳及①項混合均勻。

③平底鍋熱油，將培根先煎好後取出。

④再加2大匙油，燒熱時將②項的加入馬鈴薯之蛋汁倒入，快速拌炒一下，在半熟狀態便關火盛盤。

⑤食用茶灑於其上，添加生菜作裝飾。

綠川豆腐

材料：絹濾豆腐１塊、洋蒽１條、水１½～２杯、鹽少許、粉末茶或抹茶２小匙、澆汁（高湯３大匙、淡味醬油１½大匙、料酒１½大匙），酸橘、綠茶各適量。

①將洋菜泡在水裡30分鐘，豆腐攪拌搗碎。

②在鍋中放入洋菜，開火煮至溶化，然後將①項的豆腐及鹽少許加入混合，關火。趁熱時將溶解的粉末茶加進其中。

③將之倒入模型中，待其冷卻。

④待冷卻凝固後，直接倒在盤子上，或切成細長條再盛盤。

⑤將澆汁煮好，放置待涼。將香橙與沖過一泡的綠茶放在豆腐頂端。

玉露冷豆腐

材料：豆腐２塊、玉露１½大匙、白蔥、柴魚少許、澆汁（醬油３大匙、高湯２大匙）、柚子、胡椒。

①將豆腐以熱水川燙後，再以冰水冷卻。瀝乾水分，切成容易入口的大小。

②玉露加滿水，放置４～５分鐘使其吸收水分，直至恢復鮮艷的綠色。

③把玉露與其他佐料一起放在豆腐頂端，再淋上澆汁。

茶風味的炒豆腐

材料：木棉豆腐１塊、紅
蔔½根、乾香菇３朵、煎
２大匙、高湯¼杯、Ａ（
糖２大匙、淡味醬油２½
匙、鹽½小匙）、沙拉油
大匙。

①豆腐以熱水川燙後，瀝
水份，用手將之弄碎。

②將紅蘿蔔與泡軟的香菇
小丁；煎茶沖泡熱水，
出沖過一泡的茶葉。

③沙拉油加熱後，先放入
蘿蔔及香菇拌炒，然後
豆腐加進去一起炒，再
入高湯及Ａ的調味料，
直炒到煮汁收乾為止。
後放入茶葉，增添顏色
香味。

抹茶餡的茶碗蒸

材料：蛋汁（蛋３個、高
２⅓杯、鹽½小匙、酒１
匙、淡味醬油⅔大匙、料
１大匙），菜碼（小蝦８
、生香菇、百合根各少許
白烤鰻鯽魚四塊），抹茶
（高湯⅔杯、鹽⅓小匙、
⅔大匙、料酒１小匙、溶
的片狀栗粉）、抹茶少許

①製作蛋汁。將高湯與調
料、打好的蛋一起攪拌
勻。

②準備菜碼。將蝦子剝殼
去砂筋，香菇切成薄片
百合根稍微煮一下，鰻
魚切成容易入口的大小
一一擺放於容器中，再
入蛋汁。放置在蒸籠內
用大火蒸約15～20分鐘

③將餡煮沸，作成糊狀，
微熱時加入溶化的抹茶
等②項蒸好時，便將抹
餡加於其上。

飯、麵

在經常食用的主食中加入茶葉，不但可以增添綠色的視覺樂趣，還能夠期待它產生食療效果

茶炒飯

材料：溫的飯４杯（500g）、蛋３個、紅蘿蔔30g、竹筍50g、豬肉絲30g、沖過一泡的茶葉３大匙、鹽１小匙、醬油少許、沙拉油３大匙。

①將紅蘿蔔、竹筍切細絲，蛋打成蛋汁。在炒鍋內加多一點油，先把蛋炒好、盛出。

②炒鍋的油再燒熱，放入肉絲、紅蘿蔔及筍拌炒，然後加入茶葉，再以鹽調味，最好放入飯快炒幾下。炒好的蛋可以放在盤子一旁作裝飾，也可以混入飯中一起炒。

如要混入飯，則可使用泡過一道的茶葉。

鮪魚茶飯

材料：米２杯、煎茶２大匙＋熱水３杯、洋蔥⅓個、奶油２大匙、鮪魚罐頭１罐、鹽½小匙。

①將米洗淨，放在漏勺將水瀝乾；製作煎茶汁，將茶葉與茶汁分開。把茶汁以米的1.2倍、約480cc的量，放置一旁備用。

②奶油放入深鍋中燒熱，放入切好的洋蔥拌炒，再加進①項的米炒一下。待米與洋蔥混合均勻，再慢慢加進茶汁及鮪魚，以鹽調味。沸騰後以小火炊14分鐘，之後再關火燜煮10分鐘。

③待煮熟後再將①項的茶葉加進去。

義大利茶麵

材料：A（高筋麵粉200g、蛋２個、鹽少許）、橄欖油１大匙、粉末茶１小匙、醬（鹽⅔小匙、胡椒少許、西洋醋３大匙、沙拉油５大匙）、食用茶少許、小番茄、菊蒿苣、芹菜各少許。

①粉末茶用一大匙的水（材料外）溶化後，混在A的材料中，用手揉捏約10分鐘，直到不粘手、均勻、光滑為止，然後放在一旁醒40分鐘。

②將①項的麵糰，一邊灑粉，一邊用擀麵棒擀成２～３個厚的麵皮，再將每個麵皮擀成約30cm長，然後切成寬５mm的麵條。

③將５杯水煮沸後，加入一大匙鹽（都是材料之外），再放下麵條煮熟。

④煮好的麵條立刻放入水中洗一下子，將水份充分瀝乾後，製作好醬料與之混和均勻。盛盤之後再灑食用茶於其上。

⑤盤子周圍添加切好的小番茄、菊蒿苣及芹菜作為裝飾。

★義大利麵最好現煮現吃，因此最好在食用之前才煮為佳。

烤綠茶飯

材料：綠茶飯（雞肉50g、洋蔥絲3大匙、玉米粒2大匙、飯1杯（100g）、煎茶1大匙、鹽、胡椒少許、番茄醬2大匙）、烤的麵糰（麵粉50g、湯⅓杯、蛋1個、地瓜泥2大匙）、沙拉油、生菜各適量、辣椒醬適量

①製作綠茶飯。先炒雞肉與洋蔥，然後加入飯、玉米粒，以鹽、胡椒、番茄醬調味，最後加入沖過一泡的煎茶茶葉。

②將麵糰材料混合均勻後，倒入①項之中混合。

③平底鍋中倒入薄薄的一層油加熱，將②項分為二等分倒入（直徑約18cm），蓋上鍋蓋，把兩面分別烤成金黃色。

④切成容易食用的大小，再添加辣椒醬。

鰻魚茶泡飯

材料：烤鰻1尾，鴨兒芹、泡飯顆粒、粉茶、煎茶汁、佐料汁、山葵各適量。

①將鰻魚熱過之後，切成一口一塊的大小。

②把鰻魚放在熱飯上，加上佐料汁。將鴨兒芹切成3～4cm長與泡飯顆粒、粉茶一起灑於其上，山葵則放在最上面。

③將熱的煎茶汁澆在②項上即可食用。

玉蕈飯

材料：米 2 ⅔杯、糯米⅓杯、水 3 ½杯、海帶10cm、雞肉切絲80g、玉蕈150g、銀杏15粒、玉露或高級茶葉 1 ½大匙、A（淡味醬油 3 大匙、酒 1 大匙、鹽⅓小匙）。

①在30分鐘前，便將米及糯米一起洗好，撈起備用。

②將雞肉與玉蕈混合攪拌，再加上A的調味料，放置 5 分鐘。

③在深鍋中放入米及海帶，再將②項的菜碼加進去，開火，輕輕地將材料混合攪拌。待沸騰後轉成小火炊煮14分鐘，然後關火再蒸一下。

④玉露以水沖泡至呈現茶色後，將水氣瀝乾。在盛出的飯上，放置色澤鮮艷的玉露及煮好的銀杏。

★除了玉露之外，使用蒸的茶葉或新鮮葉子，也非常的好吃。

甜　點

使用玉露或抹茶製作可以充分享受色與香的小甜點

水果的抹茶巴佛洛（Bavarois）

材料：果凍粉２大匙弱、水４大匙、A（蛋黃３個、砂糖100g、片狀栗粉１小匙、鹽少許）、牛乳１½杯、抹茶或粉末茶１大匙、白蘭地１大匙、鮮奶油１杯、季節性水果適量（草莓、奇異果、水蜜桃罐頭、綠葡萄等）、糖漿適量。

①將果凍粉以適量的水溶化，放置於容器中備用。

②將A項材料放置於大碗中，充分攪拌至呈白色。

③溫熱牛乳至相當於人體體溫的熱度，以少量牛乳溶入抹茶，剩下的與②項一起以小火加熱。

④關火後，放置到微熱再加入果凍及溶化的抹茶，放在冰水中冷卻；將鮮奶油分成６份，一一加入容器內混合，然後待其冷卻凝固。

⑤添加季節性水果及糖漿。

★凝固成形時，玻璃杯可以微微傾斜，使得巴佛洛凝固成傾斜狀，非常美觀。

茶　凍

材料：玉露3大匙＋水2杯、糖漿（砂糖½杯、水½杯）、果凍粉1大匙＋水2大匙、白酒2大匙、檸檬汁½大匙、綠葡萄、薄荷各適量。

①製作茶水。當茶葉泡到出現鮮艷色澤時，便將茶葉濾掉，準備1½杯的茶水。

②砂糖與水作成糖漿，加入①項的茶水，及以適量的水溶化之果凍粉、白酒、檸檬汁，待其冷卻凝固。

③凝固之後以綠葡萄及薄荷裝飾其上。

★也可以採用果糖。

優格果凍

材料：優格凍（白優格1¼杯、果凍粉2大匙、水4大匙、牛乳1½杯、砂糖1杯、檸檬汁1大匙、檸檬香精少許）、水果適量、綠茶糖漿（砂糖½杯、水1杯、粉末茶或抹茶2小匙、鹽少許）。

①將果凍粉以適量的水溶化於容器中備用。

②優格置於常溫中攪拌一會兒，再加入牛乳、砂糖、檸檬汁、檸檬香精，與①項的果凍混合。

③將②項倒入容器或模型中，放置於冷藏室冷卻凝固。

④將綠茶糖漿中定量的糖與水，開火煮溶，再加少許的鹽，冷卻備用。然後於其中加入用一杯熱水（材料之外）溶解的茶，待其冷卻備用。

⑤將優格凍與水果都切成1.5cm的立方體，放置於器皿中，再淋上綠茶糖漿。

★待要溶化後，再加入其中。若想享受茶香，則要待食用前再加入。

抹茶冰淇淋

材料：牛乳２杯、蛋黃４個、砂糖150g、玉蜀黍粉１大匙、鹽微量、鮮奶油１杯、抹茶５大匙＋熱水10大匙、食用茶適量。

①將牛乳倒入鍋中溫熱至約60℃。
②在另一個鍋中將蛋黃攪碎，加入砂糖、玉蜀黍粉、鹽，以發泡器混合，其中再將①項的牛乳緩緩倒入，充分地混合、打至發泡。
③將②項的鍋子放置於爐火上，以木杓子從底部向上攪拌，一直煮至呈黏稠狀。
④抹茶以定量的熱水溶化。
⑤用其他的碗將鮮奶油分為５份，分別加入③與抹茶液混合攪拌。
⑥倒入金屬製或塑膠製的容器中，放到冷凍庫凝固。待二小時後取出，用湯匙或發泡器全部再攪拌１次，然後再放回冷凍庫。如此重複３～４次即算完成。
★如果喜歡食用茶，也可以加入其中。

香茶甜甜圈

材料：蛋糕麵粉200g、奶油20g、蛋１個、牛乳２大匙、肉桂粉少許、炸油適量、粉茶１大匙。

①在湯碗中將奶油溶化，加入蛋、牛乳、蛋糕麵粉、粉茶混合攪拌，再加以揉捏。
②作成7cm厚的麵糰，再揉成小丸子，放於油中炸。
③炸好時灑上肉桂粉。

茶蛋糕

材料：蛋糕麵粉170g、蛋（大）1個、牛乳½杯、奶油25g、粉末茶或玉露粉1小匙＋水1小匙、食用茶1大匙、梅子果醬少許、發泡奶適量。

①蛋糕麵粉與蛋、牛乳、溶化的奶油、用水溶化的粉末茶、食用茶，充分混合攪拌。

②在模型上塗一層薄薄的奶油、灑上麵粉（皆是材料之外），將①項倒入其中，用170℃的烤箱烤20分鐘。

③可依照個人喜好添加梅子果醬、甜味，切成薄片再加上發泡奶。

★使用蛋糕麵粉可以輕鬆製作這道綠茶蛋糕，綠茶蛋糕具有預防蛀牙的功效，建議您食用。

杯型蛋糕

材料：蛋糕麵粉200g、粉末茶2小匙、牛乳¾杯、砂糖4大匙、沙拉油1½大匙、葡萄乾20g。

①將粉末茶以外的材料，全部混合於蛋糕麵粉中。

②將粉末茶用一大匙水（材料之外）溶解，加入①項之中。

③把混合好的材料放入杯子中，再以蒸籠蒸約15分鐘即可。

春山蛋糕

材料：甘納豆（白）400g、水1杯、鹽少許、粉末茶或抹茶1～2小匙、鮮奶油½杯、春山蛋糕（3×5 cm）10塊、食用茶適量。

①利用甘納豆製作奶油。甘納豆加水以小火煮軟，再攪拌成泥狀，待冷卻後加入鮮奶油、鹽、粉末茶少許，調合攪拌後，裝入擠壓袋內。

②將擠壓袋內的奶油擠於蛋糕上，再灑上食用茶。

丸十茶巾

材料：地瓜500g、梔子少許、A（高湯½杯、砂糖200g、鹽¼小匙）、抹茶或粉茶、煮熟的毛豆各適量。

①將地瓜的皮厚厚地刨去，再泡在水裡去除澀味。然後將之切碎，包在紗布中以水煮熟。

②當地瓜煮軟後，把鍋中的水只留一半，加入砂糖、鹽再煮。

③將地瓜攪拌成泥狀，分出一半加入用少量的水（材料之外）溶解之抹茶混合成綠色。

④將二種顏色的地瓜泥作成適量的丸狀，搭配製作成二色茶巾丸子，再釀上毛豆，灑上粉茶即可。

茶黃豆麵的茶丸子

材料：糯米粉１杯、砂糖１大匙、水、粉茶１小匙、茶黃豆麵（黃豆麵½杯、砂糖½杯、鹽少許、粉末茶１大匙）。

①糯米粉加入砂糖、粉茶及水少許，揉捏成耳垂般的硬度，再揉搓為一口大小的小丸子。

②把①放入沸騰的水中煮熟，待其浮於水面上即可，再放入冷水中冷卻。

③黃豆麵與砂糖、鹽、粉末茶混合均勻，灑於茶丸子之上。

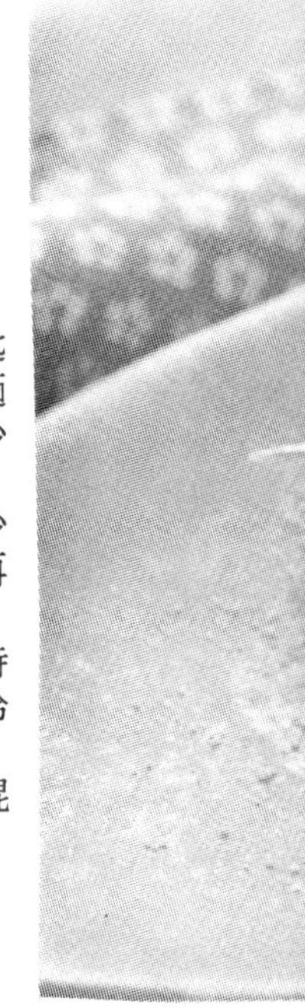

飲　料

消除食物的油膩感，滿載清涼感受的各式茶飲

煎茶牛奶

材料及作法：小鍋中放入2杯牛奶及煎茶2小匙，不需使其沸騰，只要溫熱1分鐘即可。倒入杯子中，其上再灑一點食用茶即可。

茶　奶

材料及作法：在杯中放入2小匙粉末茶，慢慢地以熱水溶解，然後加入1大匙蜂蜜及2杯熱牛奶混合攪拌，其上灑一些穀片即可。

維也納綠茶

材料及作法：在溫熱的杯中加入抹茶（或粉末茶）1½小匙，準備180cc的熱水，先以少量注入杯中溶化抹茶，用茶匙攪拌一下，再將剩餘的水注入，過程和沖泡抹茶一樣。最後將發泡的鮮奶油一大匙浮於其上即可。

抹茶冰淇淋

材料：抹茶2小匙、水½杯、牛乳½杯、冰淇淋1球、糖漿、冰適量。

①將抹茶以適量的水溶解成較濃稠的濃度，倒入杯子的底部，再加上冰，其上加入牛乳，最後將一球冰淇淋浮於上端。

②甜味可以糖漿來調節，附上長湯匙以便由下往上混合攪拌食用。

綠茶果汁

材料及作法：將½個葡萄柚榨汁，榨汁後的果皮可以在玻璃杯邊緣擦一圈，再把鹽抹於杯緣。在杯子裡加入冰塊冰杯，再倒入果汁、燒酒等，份量可依個人喜好，最後溶入粉末茶即可。

★可作為低酒精濃度的燒酒來飲用。

玉露酒（綠茶酒）

材料：燒酒３杯、冰糖130g、玉露或高級煎茶30g。

①將玉露分裝於３～４個茶袋中。

②將冰糖及煎茶加入燒酒中，放置３～４天，取出茶袋即可。可以加冰稀釋成綠茶酒或者加入碳酸飲料稀釋成綠茶蘇打。

★玉露酒有著淡淡茶香，無論在吃過油膩的料理之後或當成餐前酒飲用，都非常適宜。

美味的茶是心靈的良藥

◆抹茶的沖泡法◆

①將少量的茶放入茶碗中，用圓竹刷刷二圈，把抹茶茶碗溫熱後，倒掉水。以茶杓取一杓半的抹茶放入茶碗中，以圓竹刷輕輕劃三下。

②注入約80℃的水一杯量。首先用圓竹刷在碗底輕輕攪拌，然後稍微提高竹刷，以手腕的力量前後攪拌混合，最後將表面慢慢地混合，直到出現細緻的泡沫。

◉茶就好像是自己本身的一面明鏡。在沖泡上等茶的日子，使用衷心喜愛的茶具，抱持著愛情選擇一泡好茶，全心全意地沖泡出來吧！

◉茶，能夠使得泡茶者心情平靜，喝茶者心靈受撫慰，令心意得以相通。

◆玉露的沖泡法◆

①將茶具事先溫熱，再把冷水沖入沸騰的熱水中，使溫度冷卻為手摸起來很舒服的溫度（約50～60℃）。沖泡三人分時，約使用２大匙茶葉、熱水量約90cc。玉露，顧名思義為甘露之義，若要沖泡出怡人的甘味，使用低溫的水為其關鍵。

②將茶葉裝入茶壺、注入熱水，放置２～３分鐘，就能泡出甘甜風味的茶。將全部的茶一次倒進茶杯裡再沖泡第二次，第二次沖泡的時間為第一次的一半。以悠閒的心情泡茶，才能品嘗出甘香美味的好茶。

◆煎茶的沖泡法◆

①先將茶具注入熱水溫熱。三人份約使用二大匙的茶葉，水則以有氣泡冒於其上的溫度（70～80℃）、180cc的水量來沖泡。越是上等的茶葉，越要以較低的溫度來沖泡出味。

②將茶葉裝入茶壺中、注入熱水，約等待2分鐘左右，稍微搖晃一下，使其濃度能夠平均。第二次沖泡時，水的溫度要提高一點，等待的時間也要長一點，此為沖泡煎茶的秘訣。

◎ 不管是何種價格的茶葉，只要了解其特性，便能沖泡出品質佳的茶。掌握茶的份量、水量、水溫、沖泡時間及沖泡方法，即可使任何茶葉都泡出美味的茶汁。

◎

◆糙米茶的沖泡法◆

①由於沖泡時須使用很熱的水，所以只要快速的溫一下茶壺即可。為了避免熱度燙手，最好使用厚陶器製成的茶具較好，五人份約使用15ｇ的茶葉量、水650cc。引出糙米茶的香氣，最好的方法是直接注入沸騰的熱水。

②將熱水注入茶壺後，立即倒入茶杯中，茶壺中的水須全部倒乾，這一點非常重要。

茶的種類與味道

雖然皆稱為茶，但因茶的栽培與製作法之不同，卻會呈現出不同的味道。有些人喜好帶有澀味的茶，有些人則偏愛享受茶的香味。如果能夠知道茶的種類及其味道，就能在不同的時間、場合，選擇合適的茶葉，享受茶的樂趣將會變的更加廣泛。

玉露　這是一種有鮮艷綠色的高級茶，其特徵為甘甜圓潤的味道。收穫前必須加以覆蓋，避免日光直射，如此才能產生甘味。由於其製作方法之故，玉露所含丹寧酸成份大增，而且葉綠素及咖啡因含量也較多。

煎茶　這是日本的代表茶。良質煎茶乃深綠色、形狀完整且帶有光澤的茶葉，其味道調和了甘與澀，十分柔和，嫩葉的香氣為其特徵。在四月中旬開採的茶為一級茶，接著為二級茶、三級茶，隨著季節的更替，澀味也會隨著增加。

莖茶　由玉露或煎茶、抹茶的加工過程中，篩選出莖或棒的部份製作而成，其特徵為具有清爽的香氣及清淡的茶味。其中以玉露的製造過程中所得的莖茶，特別稱為「雁音」為極高級品。玉露的莖茶依照玉露的泡法，而煎茶的莖茶則依照莖茶的泡法。

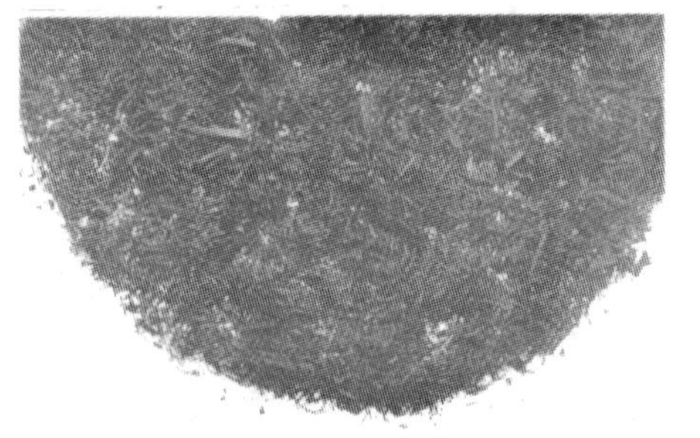

粉茶（芽茶）　這是粉狀的茶葉，色、香、味均很濃馥為其特徵，乃由煎茶或抹茶製造時所濾出的粉末，以此粉末或嫩芽的前端為原料所製成。壽司店經常使用粉茶作為最後一道菜，在許多料理中也被廣泛使用著。

粗茶　摘取老葉或殘留的葉子、較軟的莖，或煎茶製造過程中篩除的大片葉子等為原料所製成的茶，製作方法與煎茶相同。香氣較少，苦味、澀味較為明顯，味道嘗起來很清淡。

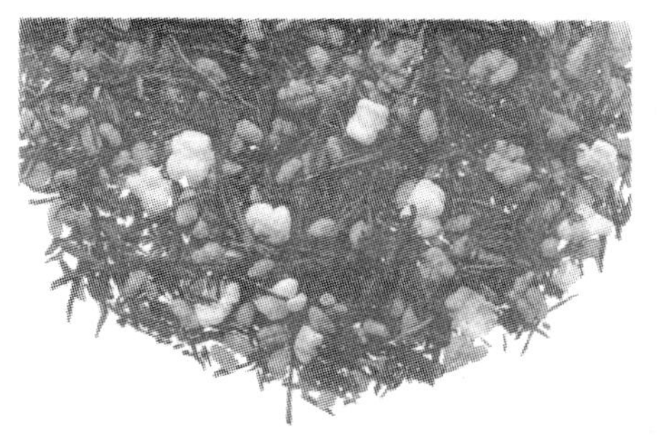

糙米茶　在粗茶或煎茶之中，混合入炒過的糙米所製成的茶。糙米的香氣十分清香甘甜，口感較淡雅，糙米與茶的比例約各半份量，當吃過油膩的食物之後，喝杯糙米茶，是屬性非常相合的選擇。

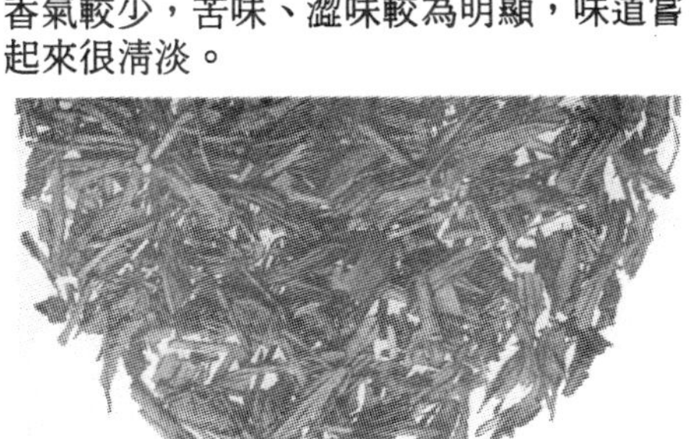

烘焙茶　將煎茶或粗茶以強火烘焙的茶葉，呈咖啡色，香氣非常濃厚，而所沖泡出的茶汁，也是呈咖啡色。其成份中的咖啡因含量較少，味道較柔和，故適合小孩子及病人飲用。

冷茶用煎茶　只要注入水就可製造出茶汁的一種茶葉。因為只需使用冷水即可沖泡，是簡單方便的冷茶，作好後放置於冷藏室冰涼，就是十分爽口、好喝的飲料，同時也是富含維他命C的健康飲品。

抹茶　上等抹茶呈非常鮮艷的鶯哥綠色，顏色較淡則甘味較濃，而顏色深者則澀味較重。它是將良質玉露的栽培葉蒸過、乾燥後，再以臼磨成微細粉末狀的產品，故稱為抹茶。由於完全包含了茶葉的各種成份，是一種充分吸收茶效能的飲用法。

粉末茶　把煎茶磨成粉狀的一種新型茶。與抹茶比較起來較偏黃綠色，且可溶於水，故比抹茶更方便使用於料理上，而且不需要茶壺沖泡，在旅行時更加易於攜帶。

使用什麼道具可以——
自製「吃的茶葉」

將茶細細地磨碎之後，可以當作食用茶來使用，應用的範圍非常廣泛。只要利用廚房中的一些道具，就能夠研製粉末茶，隨時可以備用，對任何人都可謂十分簡單方便。磨成粉末的食用茶，加入料理中相得益彰。

◆研鉢

使用研鉢來搗碎茶葉，非常便利。將來茶葉依隨時想使用的份量磨成食用茶即可。此外，若使用沖過一泡的茶葉，則可搗成茶葉泥。

◆**磨豆機**

將茶葉放入磨豆機中轉動幾回，就可製成粉茶。這是以咖啡磨豆機改良後作為茶專用的商品，如果家中有咖啡研磨機，也可以適用。

◆**研磨器**

利用手動研磨機也能夠將茶製造成食用的粉末，應用家裡的研磨機就可以了。

◆**食物攪拌機**

利用食物攪拌機，也可以將茶葉碾成粉狀。此外，以食物攪拌機來磨碎沖過一泡的茶葉，能夠製出相當柔滑細緻的茶泥，十分簡便。

熱水壺也能泡出美味的茶

水溫的控制法

以熱水壺要泡出美味的茶，最重要是控制水溫，只要了解水溫與茶葉的關係，泡出好喝的茶不是難事。

①粗茶、烘焙茶的泡法

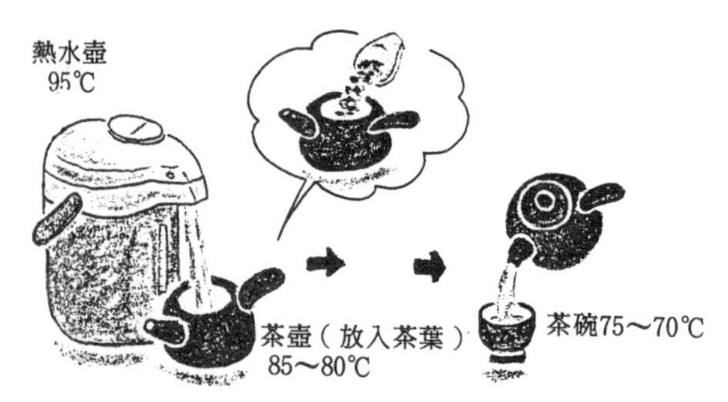

熱水壺的水約為95℃左右，所以可以直接將熱水注入裝著茶葉的茶壺中，再分注於茶杯裡。

②煎茶的泡法

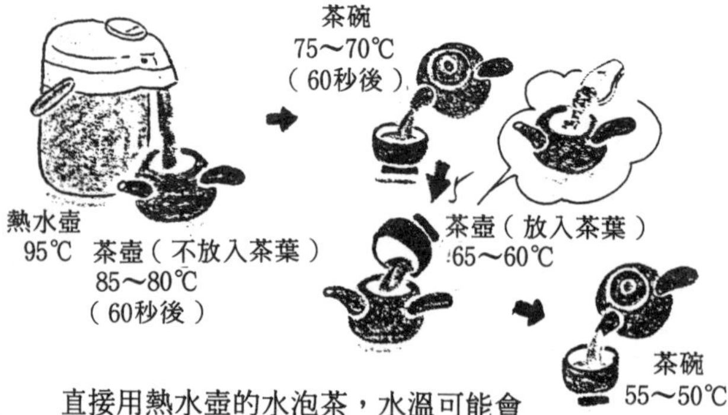

直接用熱水壺的水泡茶，水溫可能會太高，因此應先將熱水注入茶壺，倒入茶杯，稍微冷卻一會兒，然後再將茶葉裝入茶壺裡，注入稍微冷卻的熱水再分注於茶杯。

可吃、可喝——
茶是超級的黃綠色蔬菜

配合國內水土與氣候所生產的健康食品

①為什麼茶是極佳的黃綠色蔬菜呢？

●—茶所含有的成份及其效能

茶的研究歷經十幾年，有顯著之進展

國人有所謂「茶餘飯後」的說法，所以喝茶就和吃飯一樣，是非常自然的事情。

但是近幾年來，原本只是嗜好飲料的茶，卻被發現具有預防癌症或各種成人病的效果，而搖身一變為健康飲料，漸漸嶄露頭角。

長期以來，茶都是一直存在於人們身邊的飲品，但對於其效能的科學研究，則是這幾年的事情。

小國教授因為本身發現了靜岡縣飲用茶的人，癌症死亡率較低的事實，因此著手調查綠茶的效能並開始發表研究報告，至今已經過十幾年的時間。

但是，其間有顯著研究進展的國家不僅限於日本，中國、美國等的研究者也對於茶的抑制癌症發病、抗腫瘤作用等許多效能，作出實驗證明。而有關於茶的國際研討會，亦定期舉行。

茶的主要效能「兒茶酚」

茶究竟含有何種成份呢？各種成份各具有何種效能呢？

在一邊喝茶、一邊慢慢的品嘗味道時，我們可以享受到澀味、苦味、甘味等各種滋味。澀味是茶的代表味，造成澀味的主要成份即為「兒茶酚」。

兒茶酚在食品成份表中，屬於丹寧的一種。但是嚴格說起來，丹寧中還含有兒茶酚以外的物質，因此以茶的澀味而言，還是以兒茶酚的說法較為正確。

在本文稍後會詳細敘述有關兒茶酚不僅限於味道面，更有其他許多的效能。

苦味是由已知具有覺醒作用與恢復疲勞作用的咖啡因所造成。說到咖啡因難免會聯想到咖啡，但是茶中咖啡因含量較多，有二～四％（而咖啡為一・三％）的比例，不過茶的咖啡因會在茶汁中與兒茶酚漸漸結合，因此其作用反而比咖啡的咖啡因溫和。

至於甜味則是由氨基酸中的茶氨酸與谷氨酸所引起。

茶便是由構成茶味的三種成份與茶葉的主要成份——食物纖維所組成之物質。

經由動物實驗得以證明「吃茶」的效果

茶葉中除了兒茶酚之外，還含有大量的維他命類、礦物質等，特別是胡蘿蔔素（在體內會轉變為維他命A）、維他命C與E等十分豐富。胡蘿蔔素與維他命C的含量是胡蘿蔔與菠菜的數倍，至於其他黃綠色蔬菜所不含的維他命E，茶中含量也可與花生類、植物油相匹敵。所以，稱茶為「超級」黃綠色蔬菜，實在是當之無愧。

礦物質中的錳、鋅、鈣、鐵、鉀等含量也相當豐富。以茶的有效成份而言，還有降血壓作用的γ－氨基酪酸，能有效預防口臭的類黃酮以及與蛀牙預防有關的氟素等。（參照表一）

但是，茶葉中含有的多種有效成份，如果只是以沖泡茶汁的方法來飲用，則不溶於水的胡蘿蔔素、維他命E及食物纖維等成份皆無法攝取到體內。因此，為了將這些有效成份完整的攝取，而有「吃茶」的方法出現。

而食用茶葉的效果，經由東京家政學院短期大學的桑野和民助教授等人使用老鼠的動物實驗，已得到了證明。

表一　綠茶的成份及效能

綠茶的成份	效　　能
兒茶酚類 （茶的澀味成份）	抑制癌症發病作用、抗腫瘤作用、抑制突變作用、抗氧化作用、降低血中膽固醇作用、抑制血壓上升作用、防止血栓作用、抑制血糖上昇作用、抗菌作用（預防食物中毒）抗流行性感冒作用、預防蛀牙、預防口臭（脫臭作用）等
咖啡因	覺醒作用（去除疲勞感及睡意）、利尿作用、強心作用
維他命C	消除壓力、預防感冒
胡蘿蔔素	抑制癌症發病作用
γ－氨基酪酸	降血壓作用
類黃酮	強化血管壁、預防口臭
多糖類	降血糖作用
氟素	預防蛀牙
維他命E	抗氧化作用、抑制老化
茶氨酸	綠茶的甘味成份、對抗咖啡因作用

②茶可以預防癌症

靜岡縣茶產地的癌症死亡比例為全國平均值的五分之一

先前曾經提及，小國教授之所以會走上研究綠茶的道路，主要是得知靜岡縣的癌症死亡率大大低於全國平均值的統計數字所致。

一九七八年，也就是距今十餘年前，他看到厚生省的「人口動態統計」資料，小國教授疑惑地想「為什麼這裡會特別低呢？」因此，而針對靜岡縣中七十五個鄉、市、鎮的癌症部位別、男女別，算出標準化死亡比（SMR）。

所謂標準化死亡比（以下簡稱SMR），是指在高齡人口較多罹患癌症等成人病的鄉市鎮中，其死亡率明顯較高，因此補正人口構成的差異之後所算出的死亡比，以全國值為一〇〇的基準表示之值。

依SMR而製成「癌症死亡分布圖」（參照圖一）。從這個分佈圖中胃癌的部份看來，在靜岡縣中、西部的大井川、天龍川上游區域以及兩河岸週邊地區的SMR，不論男女皆比全國值有顯著偏低傾向。此傾向不只是胃癌，連全部位的癌症、肺癌及其他的癌症，也都偏

圖一　靜岡縣的市鄉鎮別癌症分佈圖（胃癌）

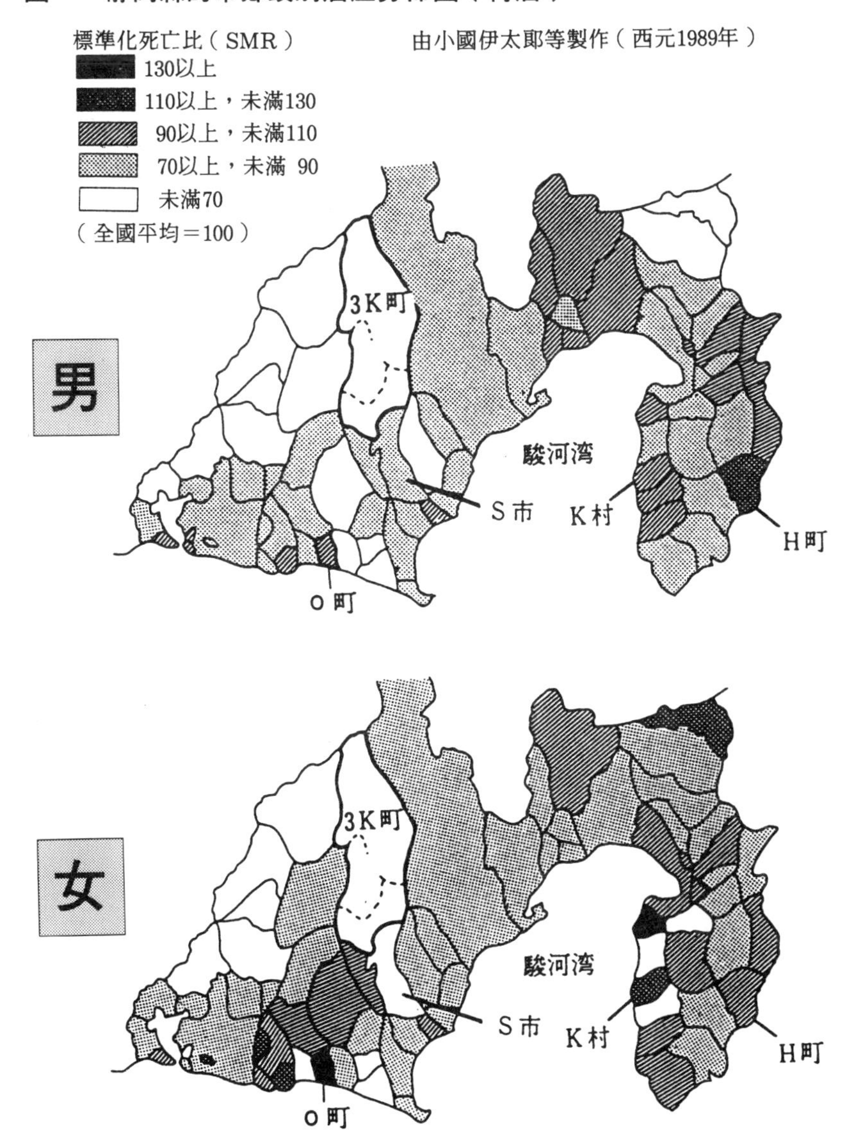

低。

小國教授對於這個由地域不同而產生的原因大感興趣，所以針對SMR較低的區域之特性，作了各種不同的檢討，結果注意到這個地區為全國著名的綠茶產地。

因此，他將靜岡縣的全部位癌症與胃癌的SMR與各鄉市鎮的綠茶生產量作比較，發現兩者之間呈現負的相關性。例如，有名的綠茶生產地中川根町之胃癌死亡率，以全國值為一〇〇而言，男性為二〇•八、女性為二九•二，是全國平均值的五分之一與三分之一，可見其極低的數值比；而附近的本川根町，則為男性四一•九、女性三一•九的數值。

相對於這兩個地方，非生產地的H町為男性一一四•一、女性一〇六•二，男女皆超出全國平均值之上。

茶產地的人在正餐以外的時間亦頻繁地飲用濃茶

茶的栽培、生產與胃癌的低死亡率間，究竟有何關聯？生產地有何原因能夠抑制癌症呢？為了尋求答案，於是從一九八二年的秋天開始，選出靜岡縣內胃癌死亡比例差異較大的地區，進行飲食中的綠茶攝取狀況調查。

調查地區為胃癌死亡率顯著較低的中川根町、本川根町以及川根町這三個城鎮（3K町）與島田市（S市），另外以縣內胃癌死亡率比較偏高的O町為對象，共找出三五～七十歲的居民八三九人協助問卷。結果顯示，胃癌死亡率低的川根三町（3K町）與島田市（S市）的人們，無論男女都比O町的人更常飲用濃的綠茶，而且直接食用茶的葉子代替飲用的例子也較頻繁。

接著在一九八七年又以綠茶生產地的中川根町、川根町與非生產地的H町、K村的居民一二四〇人為對象，進行第二次的調查。

結果和上一次大致相同，比較值得注意的重點是，生產地的人飲用煎茶比粗茶或莖茶為多，而且一個月的綠茶消費量是非生產地的一·五倍以上，並且在正餐時間以外頻繁地飲用綠茶之傾向。靜岡縣內胃癌死亡率偏低的中川根町居民之大多數，消費了全國平均量五～七倍的茶葉。

在生產地，嬰兒出生六個月左右就開始讓他們飲用較淡的綠茶，而且供給綠茶給學童學校也不少，茶已經被當成「日常茶飯」的飲料，與生活息息相關了。

根據這些疫學上的調查，學者開始考慮到綠茶也許具有抗腫瘤作用或抑制癌症發生的功能，因此利用老鼠進行了一連串動物實驗。

茶具有抑制腫瘤細胞增殖的效果

小國教授將腫瘤細胞移植到老鼠體內，然後經口投予綠茶抽出物，調查其影響。結果發

表二　綠茶抽出物對腫瘤增殖的影響

群	腫瘤重量	抑制率
未投予綠茶抽出物群	2.04g	—
每1kg體重每日投予200mg群	1.85g	9.3%
每1kg每日投予400mg群	1.02g	50.0%
每1kg每日投予800mg群	0.82g	59.8%
投予2mg自力黴素C群	0.37g	81.9%

移植肉瘤180腫瘤細胞的老鼠，每天一次使用綠茶抽出物，經口投予四天，三週後測定腫瘤重量算出抑制率。投予800mg時，達到60%的抑制率。使用的比較物質是自力黴素C（抗腫瘤藥物）。

現投予綠茶抽出物的老鼠，其腫瘤細胞的增殖有顯著被抑制的現象。（參照表二）

這時開始有各種研究陸續進行，三井農林食品綜合研究所的原征彥所長，使用老鼠或小白鼠實驗的結果，證明綠茶的抗腫瘤作用主要源於澀味成份——兒茶酚。

茶葉具有抑制癌症發生的作用

了解到茶的抗腫瘤作用之後，又接著針對是否具有抑制癌症發生的作用進行實驗。

癌的發生與飲食生活有很大的影響。例如，魚等所含有的亞胺與蔬菜或醃漬物所含有的亞硝酸一起食用時，遇到胃酸等酸性狀態而製造出亞硝化合物，便是引發癌症的主要物質。

經常食用含有這些物質的食品者，食道或胃癌等消化器官的癌症發生率便會很高。

針對亞硝化合物與綠茶之關聯，小國教授與北京中國醫學科學研究院的張敎授共同研究。首先將會誘發癌症的亞胺及亞硝酸經口投予多數的老鼠，然後將老鼠分為兩群，一群同時投予綠茶抽出物，另一群則不投予，如此來調查其影響。結果發現不投予綠茶抽出物的一群，罹患食道等上部消化器官癌的比例為四〇・四％，而相對的，投予的一群只有十七・八％的發生率。（參照表三）

表三　綠茶抽出物對上消化器官癌症發生的抑制效果

群	老鼠數	癌症發生率		癌發生率
		食道	前胃	
Ⅰ 肌氨酸 ＋ 亞硝酸	47	3	16	40.4
Ⅱ 肌氨酸 ＋ 亞硝酸 ＋ 綠茶抽出物	45	0	8	17.8

Ⅰ群　每週投予三次肌氨酸（亞胺）及亞硝酸，連續投予五週，其後八週以普通飼料飼養。

Ⅱ群　與Ⅰ群的處理情形相同，但每日多經口投予5mg的綠茶抽出物來飼養。

調查兩群的病理學狀態，以比較癌症發生率。

這個實驗並非直接投予致癌物質，而是投予會在體內變成致癌物質的先驅物質，與我們的飲食生活條件相當接近。因此雖說是動物實驗，卻也相當程度揭示了綠茶對人類癌症抑制的相關可能性。

近幾年來關於綠茶抑制癌症發生的研究，主要由日本、中國、美國進行。對老鼠或小白鼠投予致癌物質，並經口投予綠茶或兒茶酚後，十二指腸、小腸、大腸、胰臟、肝臟、皮膚、肺、乳腺等部位的癌發生率，皆受到相當顯著的抑制。類似的報告相繼出現。

兒茶酚對於致癌的二階段皆具抑制作用

癌症的發生，至少可分為二個階段，即原發物與催化物。

也就是說，由於引起突變的物質（原發物）造成遺傳因子受傷，使人體處於容易罹患癌症的狀態（原發性），如果沒有加以修復，則再受到致癌促進物質（催化物）的作用，即會使得細胞癌化，癌化的細胞再增殖便產生了癌症。

因此，為了防止細胞的癌化，對這二個階段的任一個過程都要加以抑制才行。國立遺傳學研究所的故賀恆夫教授、岡山大學的奧田拓男教授、早津彥教授、靜岡縣立大學的中村好志助教授、富田勳教授等人，使用微生物或動物的培養細胞，證明了綠茶抽出物或兒茶酚對於原發、催化這二階段皆有顯著的抑制作用。

此外，國立癌症中心研究所的藤木博太部長（現任埼玉縣立癌症中心所長）等人，利用老鼠從事致癌二階段實驗後，證明兒茶酚對於催化的過程有顯著的抑制作用。

透過以上實驗，顯示兒茶酚的確具有抗腫瘤及抑制癌症發生的作用。

胡蘿蔔素（維他命A）、維他命C、E也有預防癌症效果

在此之前，我們主要討論了兒茶酚的抑制癌症發生及抗腫瘤作用，但是茶中還含有其他預防癌症的成份，而其代表即為維他命類。

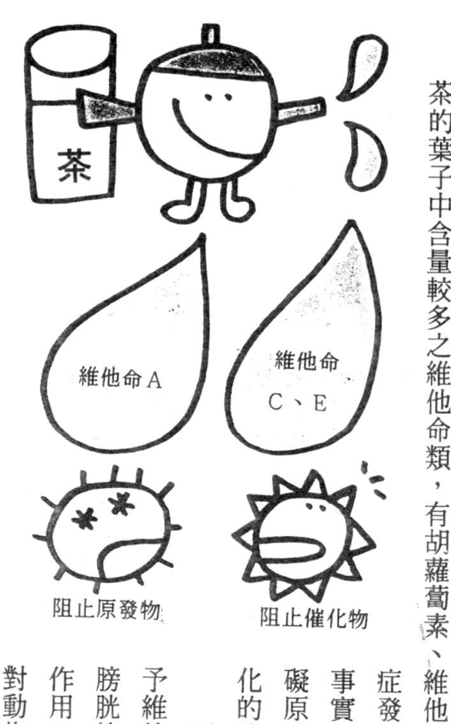

茶的葉子中含量較多之維他命類，有胡蘿蔔素、維他命C、E等，這些維他命類具有癌症發生的抑制作用，已經是衆所周知的事實，現在已知維他命C、E有助於阻礙原發物，而維他命A則能阻礙引發癌化的催化物。

而維他命A與癌症的關係則是，投予維他命A對於胃、肺、食道、咽頭、膀胱等各種部位的癌症發生，皆有抑制作用，有許多類似的研究報告出現。在對動物投予致癌物質的實驗中，確知當

維他命A不足時，會促進癌細胞的增殖；此外，當維他命A不足時，細胞膜容易變化為癌細胞，而因此引起癌細胞轉移。

維他命C是所有維他命中最具多樣化生理作用的營養，而在癌症的預防方面，也確知其具有抑制細胞突變的效果。此外，當維他命C與亞硝酸、亞胺反應之後，具有防止稱為亞硝化合物的致癌物質形成之作用。

維他命E也能夠抑制因脂肪過多而生成的致癌物質亞硝化合物。此外，還具有抗氧化作用，此作用能抑制致癌物質引發的細胞癌化現象，且有抑止抗癌劑副作用的效果。

茶除了維他命類之外，可預防癌症的成份還有食物纖維。昔日，食物纖維被認為是體內無法消化代謝的無用成份，而現在則因其可以吸收腸內的致癌等有害物質，並將之排泄掉，有助於防止近來增加的大腸癌，因此被評價具有存在的必要。

茶葉中共計含有兒茶酚、胡蘿蔔素（維他命A）、維他命C、E、食物纖維等防癌成份。但是這些成份之中，兒茶酚、維他命C是可溶於水的，可以藉由飲「茶」來攝取；而胡蘿蔔素、維他命E、食物纖維等卻是不溶於水的成份，光靠喝茶便無法攝取得到。因此，最好像本書所介紹的下些功夫，將茶食用入體內吧！

③茶能夠預防高血壓

兒茶醯能抑制促使血壓上升物質——酵素之作用

茶具有降血壓的作用。

腎臟具有分泌一種使血壓上升的酵素——蛋白原酶之機能。蛋白原酶是由肝臟製造的一種蛋白質成份之作用，會將蛋白質分解而製造出由十個氨基酸組成的蛋白質Ｉ。不具有生物活性作用的蛋白質Ｉ，循環於肺或腎臟等臟器之中，會產生蛋白質Ｉ變換酵素（ＡＣＥ）作用，此時十個氨基酸中只有二個會被分離，其餘的八個氨基酸則組成多肽的蛋白質Ⅱ。

這個蛋白質Ⅱ，具有強力的血壓上升作用。作用於全身的動脈，收縮血管壁而使得血壓上升，其力量之強，是歷來所知的腎上腺素能性藥物及去甲腎上腺素等血壓上升物質的二十～三十倍作用力。

因此，阻止ＡＣＥ的作用使之不能製造蛋白質Ⅱ，是預防高血壓的關鍵。事實上，此類藥劑已在開發中，且為占高血壓症大部份的本態性高血壓之處方。

不過，兒茶酚就具有阻止ＡＣＥ作用的功能。

這是由前述的三井農林食品綜合研究所所長原征彥所發現的，原所長利用稱為SHR之患有高血壓自然發生症的白老鼠作實驗，確實證明兒茶酚能抑止血壓的上升。

除了SHR之外，也利用容易發生腦中風的白老鼠作動物實驗，發表了投予加入兒茶酚的飼料後，白老鼠的腦中風發病延緩，且壽命延長一成以上的報告。

經常飲用茶的人，較少罹患高血壓及腦中風

不僅是動物實驗，事實上關於人類部份，也有報告顯示出經常飲茶的人，高血壓及腦中風病例相對較少。

靜岡縣聖隸三方原醫院的後藤幸一醫師與營養管理師金谷節子等人，利用三個月時間針對二十一名二十歲到七十歲的成人（男性十名、女性十一名）進行實驗，每月給予約四〇〇mg的兒茶酚攝取量。飲用時間不受指定，飲食生活也沒有任何改變。

結果顯示這些人的最高血壓、最低血壓都有下降的傾向，特別是最高血壓達一六〇㎜／Hg左右，具有高血壓傾向的人，血壓大幅降低，可以確認兒茶酚具有抑制血壓上升的效果。

此外，東北大學醫學部的佐藤佳一等人，也針對三一七六九人進行大規模的調查，分析茶的飲用頻率與腦中風、高血壓的關係。

根據其報告，結果為一天飲用五杯茶以上的人，腦中風的死亡率只佔飲用五杯以下者的五分之一。

高血壓預防效果最佳的是「加巴隆茶」

最近綠茶中有一種稱為「加巴隆茶」的茶，因具有極佳的預防高血壓效果而蔚為話題。所謂加巴（ＧＡＢＡ）即為γ－氨基酪酸物質的簡稱，乃茶的甘味成份之一——谷氨酸所生成的物質，具有降低血壓作用。但是剛摘取的茶葉中含量並不多，因此要將茶葉放置缺氧的環境中，經過數小時便會急速增加。

利用這個性質，而把剛摘取的新鮮茶葉放置於氮氣中五～十小時，如此所製成的茶便是「加巴隆茶」，這種茶葉的加巴含量為普通茶葉的數十倍之多。

大妻女子大學的大森正司教授等人，將高血壓自然發生症的老鼠分為二組，一組只餵水，另一組則飼以加巴隆茶，結果喝水的一組血壓上升到一七五～一八〇㎜／Hg，相反的喝加巴隆茶的另一組，血壓則明顯被抑制在一五〇㎜／Hg。

此外，利用飲食來控制高血壓症狀的人，在飲用加巴隆茶二～三個月後，約半數患者有血壓下降的報告。建議有高血壓顧慮的人，不妨試用加巴隆茶。

④茶與膽固醇、動脈硬化的關係

茶能抑制膽固醇值的上升，預防動脈硬化

最近，當中、老年人聚在一起時，總會談論到健康的話題，而且大都談到膽固醇或中性脂肪等；不僅如此，還有許多人在接受檢查、診療時，發現膽固醇值或中性脂肪值過高。

膽固醇本身是構成細胞膜的重要成份，可發揮細胞與細胞之間接著劑的作用，一旦膽固醇不足時，身體組織就會疏鬆。此外，消化脂肪所必要的膽汁酸以及類固醇系的荷爾蒙，也是由膽固醇所製成，因此，膽固醇對生命的維持擔任重要角色。但是，「過猶不及」，假使血液中增加了過多膽固醇，反而會導致動脈硬化，並引起狹心症、心肌梗塞、腦血管障礙等疾病。

此時茶便能發揮重要作用。茶能夠減低血液中的膽固醇含量，這在最近已得到證實。

這也是用老鼠所作的實驗，名古屋女子大學的村松敬一郎教授與前述三井農林食品綜合研究所所長原征彥等人，將老鼠分為A、B、C三組，A組餵予普通飼料，B組餵予含脂肪的高膽固醇飼料，C組則餵予B組相同飼料之外，再包含一%的兒茶酚，然後調查三組血液

中膽固醇的影響。

結果為餵食高膽固醇飼料的B組較餵食普通飼料的A組，血液中膽固醇增加較多，而餵食混入兒茶酚的高膽固醇飼料的C組，與B組比較起來膽固醇較低。（參照圖二）

由此可知，即使在飲食中攝取大量的膽固醇，兒茶酚還是具有抑制血液中膽固醇上升的性質。

圖二　餵食高膽固醇食物後，老鼠血中膽固醇濃度比較

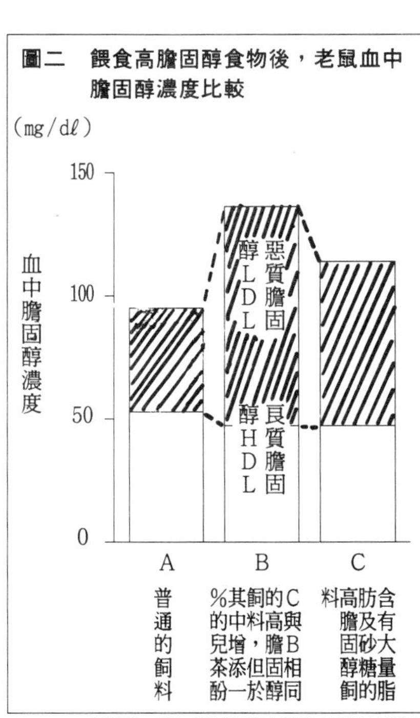

村松敬一郎、原征彥等人製表（西元1989年）

一天喝十杯茶，足堪對抗高脂肪食物中之膽固醇

我們也都知道膽固醇有好膽固與惡質膽固醇之分，而實際上這由於膽固醇比重差異而造成的不。

脂肪中的膽固醇與血液中的阿蛋白質結合後，就成為脂蛋白質而在體內循環。脂蛋白質中，比重高的HDL會將動脈壁或血管末梢組織所存在的多餘膽固

醇運送至肝臟；另一方面，比重低的LDL或VLDL則會將膽固醇運送至末梢組織沉澱。因此，當LDL或VLDL過多時，血管壁就會有膽固醇沉澱，而導致動脈硬化，所以LDL或VLDL便被稱為惡質膽固醇，相反的，HDL因具有防止動脈硬化作用，而被稱為良質膽固醇。

本來這兩者都是人體所必要的膽固醇，問題在於兩者之間是否平衡。兩者的理想量為每一〇〇ml的血液中，良質HDL膽固醇為五〇mg、惡質LDL膽固醇為一〇〇mg，當這個平衡崩潰時，就會導致體內膽固醇偏差，造成動脈硬化的原因。

前述以老鼠進行兒茶酚的膽固醇降低作用實驗，發現兒茶酚並不會使良質膽固醇減少，只會使惡質膽固醇減少。

原所長等人也發現，兒茶酚中一種表兒茶酚物質，特別具有強力的膽固醇上升抑制作用。每天餵食老鼠高膽固醇食物，份量相當於我們吃四五〇g的牛排，同時分為餵予表兒茶酚及不餵的二組來比較，結果餵予的一組膽固醇的增加量約為一半以下。這樣的表兒茶酚份量，相當於人類每天喝十大杯的程度。

最近聖隸三方原醫院的金谷節子營養管理師等人，已經證明兒茶酚對於人類血管中的膽固醇，也具有同樣的效果。

假使特別偏好高脂肪食品，那麼在飲食中、飲食後記得要喝茶，應該在對付膽固醇方面，能有所助益。

⑤茶與糖尿病的關係

六十年前就已經有報告顯示抹茶有降低血糖作用

現在，日本的四十歲以上者，十人中就有一人為糖尿病的高危險群，並已感染糖尿病的前期病症之一。

正如各位所知，糖尿病是由於胰臟在分泌的胰島荷爾蒙之作用降低，或無法分泌，而使得血液中的葡萄糖含量增加，從尿中排泄出葡萄糖的疾病。假使高血糖狀態長久持續，會影響血管壁或引起動脈硬化或網膜出血等併發症。糖尿病無法被根治，一生都要與之纏鬥。

糖尿病的發生與飲食生活有著密切關係，這是衆所周知的事實，而茶則具有抑止血液中的葡萄糖上升之作用。

事實上，早在距今六十年前，就已經有報告顯示綠茶具有降低血糖作用。

京都大學的簑和田教授，待糖尿病併發結核病的患者穩定症狀之後，停止注射胰島素以觀察其狀態。但是這個患者的血糖值竟然沒有上升，令教授覺得不可思議，便詢問患者的飲食生活，發現他因為很喜歡抹茶，是故每天都會飲用。

簑和田教授為了確定抹茶的降低血糖作用，便針對九個糖尿病患，讓他們飲用溶於四〇ml的水之抹茶一・五g，一天三次，以調查其尿中的糖量，結果九人中有八人的尿糖都有減少。

此後，簑和田教授便開發出以抹茶製造出糖尿病治療藥。

兒茶酚可抑制血液中的澱粉酶、減少葡萄糖

兒茶酚具有降低血糖值之作用，可經由老鼠的實驗加以證實。三井農林食品綜合研究所的原征彥所長等人，利用有遺傳性糖尿病、容易自然發症的老鼠，飼以標準飼料時，血糖值持續上升，而在標準飼料中加入〇・五%的兒茶酚來飼育後，血糖的上升明顯受到抑制。

這是因為從飲食中攝取到的澱粉等醣類，藉由酵素、澱粉酶的作用消化為葡萄糖，而兒茶酶便能夠阻止其作用。在試管的澱粉溶液中加入澱粉酶，澱粉便會被分解為葡萄糖，這時如果加入綠茶的兒茶酚類或紅茶的茶黃素（兒茶酚酸化的產物及紅色的紅色素），葡萄糖的產生量就會明顯減少。

由以上的事實可知，糖尿病患如果在飲食中攝取茶，便是有一大幫助的飲食療法。

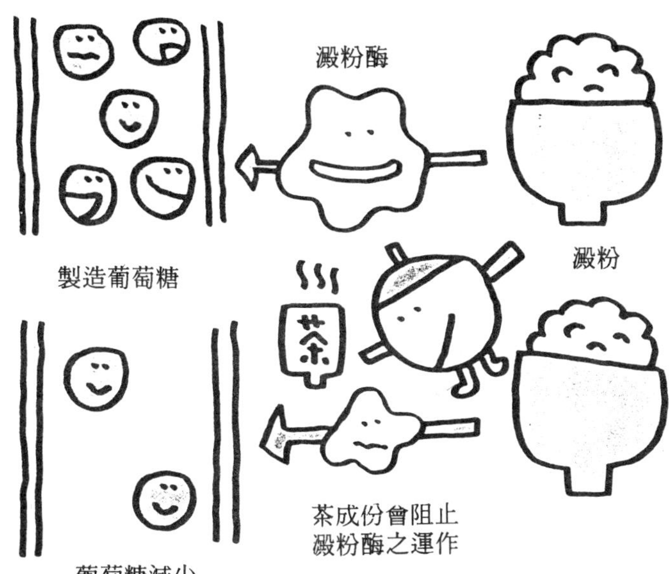

茶中的複合多糖類也能降低血糖值

富山醫科藥科大學的清水岑夫教授等人，也證明了茶中除了兒茶酚之外還有其他物質能降低血糖值。

清水教授等人利用玉露、煎茶、粗茶、紅茶的濃縮液，個別以冷水、溫水、熱水抽出，作為治療糖尿病的藥物投予給老鼠飲用，調查它們對糖尿病的效果，結果以冷水抽出的粗茶出現最強的效果。

而清水教授們發現這個效果來自綠茶含有的水溶性多糖類，其成份是由阿拉伯糖、葡萄糖、核糖等醣類大量結合而製成的複合多糖類。

對於糖尿病患者或高危險群而言，飲食

的控制是最重要的，所以茶對他們是不可或缺的飲料。

⑥茶的抗氧化作用與防止老化

茶的胡蘿蔔素、維他命C、E能抑止過氧化脂質的生成

最近您是否聽說過「過氧化脂質」是癌症或老化的原因呢？過氧化脂質是由於體內的脂肪與氧結合後發生性質上的變化，對身體而言是有毒物質。

我們吸入體內的氧之一部份為「活性氧」，是一種反應性很高的氣體。活性氧與荷爾蒙的代謝有關，而且是白血球用來擊退病原菌的武器；但是另一方面，活性氧很容易與任何物質結合，使得對方氧化，會破壞生體膜的構造，作用於遺傳因子而引起細胞的突變，是致癌的第一步。

脂肪與活性氧結合成過氧化脂質，會粘著於血管壁上而引起動脈硬化、導致心臟病、腦中風等成人病。而且過氧化脂質所製造的脂褐質（又叫做老化色素），會隨年齡而蓄積在體內，是動物的老化指標。所以，如果能夠防止體內活性氧的生成，抑或過氧化脂質的生成、蓄積，就是抑制老化的一個方法。

當然，人體不可能任由毒物生成而無法制止。體內有一種酵素能夠抑止活性氧的製造、分解活性氧、抑制過氧化脂質的生成，但是隨著年齡逐漸增長，此酵素的作用力會逐漸減弱。

因此，如果要抑止老化的進行，便必須由體外吃進一些食物如抗氧化性物質，來抑止體內的氧化反應。這些可作為抗氧化性物質的營養素，就是大家所熟知的胡蘿蔔素、維他命C、E等。

前面已經敍述過，茶中正含有豐富的此三種成份，而且不僅能預防老化或癌症，對其他的成人病也有預防效果。

兒茶酚的抗氧化力為維他命E的二十倍

茶中除了胡蘿蔔素、維他命C、E之外，還有一種強力的抗氧化性物質，那就是兒茶酚。

兒茶酚因分子構造的稍許不同而可分為四種。岡山大學的奧田拓男教授、早津彥教授等人，將其中佔一半份量的表兒茶酚與天然抗氧化劑維他命E的抗氧化力，使用老鼠的肝臟作比較實驗，結果表兒茶酚發揮了比維他命E多二十倍的抗氧化力。

此外，靜岡縣立大學藥學部的佐野滿昭講師等人，餵飼老鼠會誘發氧化的物質與綠茶抽出物或兒茶酚，得到肝臟及腎臟的過氧化脂質被抑制的報告。

這些實驗或報告顯示兒茶酚具有在體內抗氧化的作用。

前述的原所長也在豬油或植物油中添加兒茶酚及維他命E，作為食品添加物來利用抗氧化劑，以比較個別的抗氧化力。結果顯示兒茶酚的抗氧化能力最高；而且與各種氨基酸、有機酸、維他命C、維他命E等其他物質一起添加於豬油中時，也顯示了比全體更高的抗氧化力，可知兒茶酚對於其他物質有相輔相成的效果。

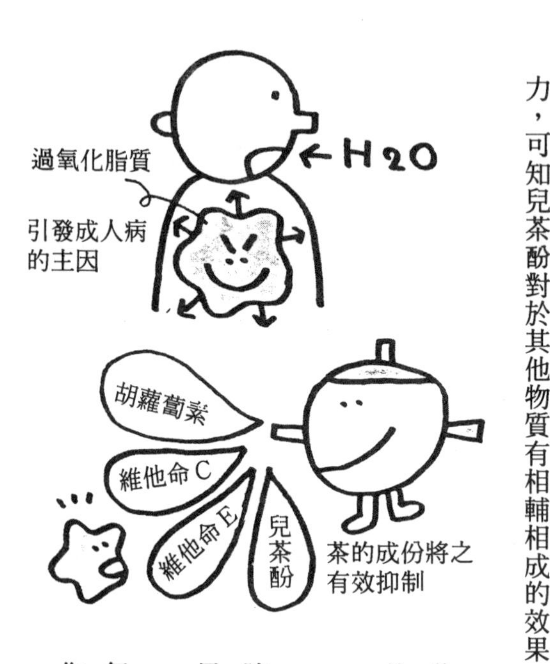

兒茶酚的抗氧化力，在亞油酸的良質植物油中亦比維他命E為強。現在市面上販售的添加維他命E沙拉油，如果再加入兒茶酚，抗氧化作用將會更明顯的增加。

因此，將兒茶酚作為防止食品中所含脂肪氧化的抗氧化劑來使用，可以發揮極佳效果。如果將食品中的過脂化脂質攝取入體內，會引起組織或內臟的病變，所以防止食品氧化成為非常重要的課題，而兒茶酚就可以作為天然的抗氧化劑來使用。

正如前面所述，茶能夠從體內防止氧化，因此在吃飯時喝一杯茶，對於抑制老化具有極大的效果。

⑦茶能預防食物中毒

茶具有防止食品中細菌繁殖的作用，以及使毒素無毒化的抗毒素作用

從以前開始，每當拉肚子時就會有人勸我們去喝杯茶。當我們去壽司店吃東西時，旁邊也總會擺一大杯茶，並有人不斷添加茶水。壽司店的最後一道菜，就是剛泡好的茶。壽司店的食物大都是生食，而茶具有消除腥臭、防止食物中毒的功用。古人就知道喝茶來防止食物中毒，實在是一種生活智慧。

最近，這種生活智慧已經由科學得到證明。

引起嚴重食物中毒的細菌已知為肉毒桿菌，它是一種嫌氣性細菌，喜歡在無氧的環境中生育、繁殖、產生毒素，而且它會形成耐熱性的芽胞，因此要用高溫才能殺滅。

三井農林的原所長等人，在將茶飲料裝入密閉容器的製品化過程中，為了殺滅肉毒桿菌

而將茶以高溫處理，結果大大損及茶的香味，因此，又進一步研究是否有更好的加熱方法。這時發現茶飲料中的肉毒桿菌，只經過稍微加熱或甚至完全不加熱，也會逐漸地死去，因此而證明兒茶酚的抗菌性。

此外，他們也調查兒茶酚是否也對其他食物中毒細菌有效，結果得到對黃色葡萄球菌、腸炎桿菌、魏氏梭狀芽孢桿菌也有抗菌作用的報告，同時發現對於肉毒桿菌所產生的菌體外毒素也具有抗毒作用。

紅茶的茶黃素與兒茶酚同樣具有抗菌、抗毒素作用

另一方面，昭和大學醫學部的島村忠勝教授等人，也針對食物中毒菌以外的霍亂弧菌，調查茶的抗菌作用。在培養液的霍亂弧菌中加入茶，結果本來活躍運動的霍亂弧菌卻凝集、死亡了。

霍亂弧菌會排出強力的毒素，引起激烈的下痢、脫水症狀。以老鼠做實驗，證明茶能抑止霍亂弧菌的毒素。

茶的抗菌作用與抗毒素作用，主要來自茶的兒茶酚成份，其中前述的表兒茶酚具有最高的活性，能夠將病原菌的毒素蛋白質無毒化。

不僅是綠茶的兒茶酚，紅茶的茶黃素（兒茶酚的氧化物、紅色色素）也具有可與兒茶酚

章魚
壽司
味
奉茶
茶
雄源店
打倒肉毒桿菌、黃色葡萄球菌、腸炎桿菌、魏氏梭狀芽孢桿菌、霍亂弧菌！
茶
TEA

匹敵的抗菌作用、抗毒素作用。

現今海外旅行的風氣很盛，到外國時，因水土不服而引起下痢的例子時有所聞，這時綠茶就能派上用場了。此外，到開發中國家去的話，難免有些擔心，因此海外旅行時記得要隨身攜帶綠茶或紅茶哦！

⑧茶的抗病毒作用與感冒、愛滋病的關係

茶比市售的咳嗽藥水更具效果

兒茶酚除了對食物中毒菌、霍亂弧菌能發揮效果外，其實不僅是細菌，對於流行性感冒等的病毒也同樣具有療效。病毒不像細菌一樣可以用抗生素來有效消滅，一旦感染就十分麻煩。

前述的昭和大學醫學部島村忠勝教授等人，針對兒茶酚與紅茶中的茶黃素抗流行性感冒病毒的效果作調查，得到十分戲劇化的結果。

使用A型及B型流行性感冒病毒，比較市售的感冒藥與茶兩者的效果，結果顯示茶的效果比感冒藥更高。

兒茶酚的抗病毒作用構造是，表兒茶酚會與流行性感冒病毒的蛋白質部份結合，減弱病毒的感染力；而且兒茶酚會留在人體細胞內，將細胞包裹起來，防止病毒感染。

由此可知，讓病毒直接與表兒茶酚接觸，將會得到最佳效果，因此服用茶的感冒藥也能預防流行性感冒。

從實驗中得知，即使飲用濃度只有百分之一的淡茶，也能完全抑止流行性感冒病毒的活動。所以假使只是想預防感冒的話，只要飲用平常濃度一半的茶就足夠了。

經由這些實驗，我們建議大家在感冒流行的時期，外出回家後最好喝杯綠茶或紅茶。

兒茶酚有愛滋病治療藥AZT的二十～三十倍的效果

兒茶酚對於現代非常猖獗的愛滋病，也能發揮效力。

這是由愛知縣癌症中心病毒部的小野克彥室長所組成之研究團發表，認為「兒茶酚對於與愛滋病毒增殖有關的酵素，具有抑制其作用的效果」，頗引起世人的矚目。現在所使用的愛滋病治療藥是稱為AZT的化學合成抗病毒劑，如果長期投予，會引發貧血、白血球減少等造血機能障礙的副作用。因此醫學界一直在尋求副作用較少的藥劑，經過各種調查研究的結果，發現兒茶酚中的表兒茶酚具有AZT的二十～三十倍強效。

但是兒茶酚的效果還僅限於試管之內，可以抑制與愛滋病毒增殖有關的酵素之作用，而

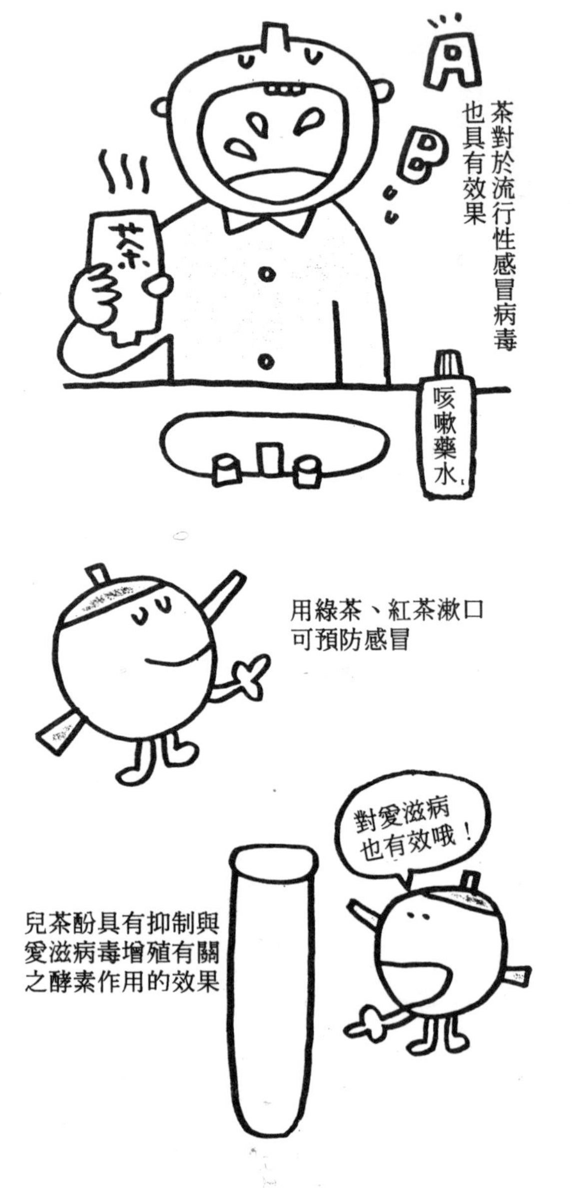
茶對於流行性感冒病毒
也具有效果
茶
咳嗽藥水
用綠茶、紅茶漱口
可預防感冒
對愛滋病
也有效哦！
兒茶酚具有抑制與
愛滋病毒增殖有關
之酵素作用的效果

關於對病毒本身增殖作用之抑制、臨床的應用方面，則有待今後進一步的研究。

不過現在看來，兒茶酚至少對於使愛滋病患有性命之憂的細菌性腸管感染症等觀望感染症，可以抗菌作用來發揮抑制效果。

⑨茶與蛀牙、口臭的預防

茶所含有的氟素及兒茶酚可以預防蛀牙

飯後一杯茶，可以預防蛀牙，兒茶酚對於蛀牙菌具有抗菌作用，以及清除齒垢的作用。

蛀牙是由蛀牙菌所導致的疾病。蛀牙菌以砂糖為營養源，然後製造葡聚糖這種不溶於水的物質；蛀牙菌與葡聚糖成圓形狀附著於牙齒表面，即為齒垢。

齒垢中含有足夠蛀牙菌利用的各種的糖，蛀牙菌將之製成乳酸等酸性物質，而此種酸性物質會溶化牙齒表面的琺瑯質，令牙齒有孔洞，便造成了蛀牙。

既然已經了解蛀牙形成的原因，我們就可知道，預防蛀牙的第一步，即為使牙齒不殘留齒垢。

三井農林的原所長在育有蛀牙菌的生理食鹽水中，加入一點點的兒茶酚，蛀牙菌立刻就死亡。此外，有另一些報告顯示兒茶酚能抑止蛀牙菌產生葡聚糖的生成作用。只要能阻止酶的生成，齒垢便不能形成。

茶中還含有氟素。正如大衆所知，氟素經常被塗抹於牙齒以預防蛀牙，而且牙膏中也常加入氟素。氟素不僅能增強牙齒的質地，還有助於預防蛀牙。

兒茶酚可以抑制微生物的繁殖，預防口臭

飯後喝一杯茶，能有效預防口臭。

口臭大都起因於造成牙周病等的原因之口腔內細菌，產生揮發性硫黃化合物所引起的。對於這樣的牙周病病原菌，兒茶酚具有抗菌作用，使用加入兒茶酚的溶液漱口，即能有效抑止口臭的報告紛紛出現。

從以前就有「飯後一杯茶」、「以茶配點心」的食用習慣，以預防蛀牙及口臭的方面看來，這種習慣實是十分合理。

吸煙族的「小幫手」，兒茶酚及紅茶茶黃素有助於去除齒垢

對於吸煙的人而言，他們所介意的與其說是癌症，不如說是齒垢，這時兒茶酚便能發揮「去除齒垢」的助益。

兒茶酚與紅茶的茶黃素，具有容易與齒垢結合的性質，這是由前農水省蔬菜、茶業試驗所的研究員岡田文雄所發現的。他發現在吸煙之後喝杯茶，便能將牙齒上的齒垢去除。另外，擔任品茶員的人，無論吸再多煙，牙齒也不會變黃，這都是拜兒茶酚的效用之賜。

◆茶的咖啡因及提神效果

工作之間一杯茶，是身心鬆弛的妙藥

茶的成份中還有大家耳熟能詳的咖啡因，它具有去除睡意及疲勞感的功用。咖啡因最早是在一八二〇年從咖啡中所發現的成份，接著在茶葉中也發現了此成份。而咖啡因的提神效果，主要是因為它能夠使得中樞神經興奮，這也是由後來的研究所明瞭的原理。

現在更發現咖啡因除了以上效用之外，還具有能直接作用於心臟、增強心肌收縮（強心作用），及增加腎臟血流、增加尿的生成（利尿作用）等，被當成醫藥品而且在『日本藥局方解說書』中詳細記載其效能、效果。

飲用普通濃度的茶所含有的咖啡因量，約一杯五〇㎎的程度，這樣的份量就足以使得橫紋肌興奮，促進肌肉收縮，所以在工作中喝一杯茶，不僅能使得頭腦清醒

，而且能減輕肉體的疲勞，可謂是使身心鬆弛的妙藥。

另外，綠茶的咖啡因在茶汁中會緩慢與兒茶酚結合，因此與咖啡比較起來，其作用會緩和許多。

⑩效果倍增的茶飲用法、食用法

(1)好喝之外，同時攝取有效成份

經由以上介紹，您大概對為什麼我們將茶稱為超級黃綠色蔬菜，以及自古以來將茶視為「養生的仙藥、延命的妙術」之原因，對茶的奧祕有大致的了解吧！

那麼，如何才能得到茶的衆多效能、每天需要多少才可發揮最有效的效能呢？以下我們就先針對「喝茶」來加以敍述。

●第一泡、第二泡濃度的茶，一天須喝十杯

一天喝十杯茶會不會太多呢？也許您會這麼想。但是靜岡縣的飲茶者每天就是喝一•五ℓ，也就是十杯的茶汁，而且他們所喝的都是第一泡、第二泡的濃茶，因為在第三泡開始，茶中便幾乎沒有兒茶酚含量了。

如果您認為十杯不夠，那麼就換用壽司店的大茶杯，每餐飯中、飯後各喝一杯，總共喝六大杯吧！

各種茶葉的泡法

	玉露	煎茶			粗茶	窯茶	烘焙茶
		上	中	下			
人數（人）	3	3	5	5	5	5	5
茶量（g）	10	6	10	15	15	10	15
〔小匙〕(杯)	7	4	7	10	10	7	10
水溫（℃）	50	70	90	100	100	90	100
水量（ml）	60	170	430	650	650	430	650
時間（秒）	150	120	60	30	30	60	30
一人的份量(ml)	7.3	49.0	75.4	120	120	77	120

取自「新茶業全書八版」

茶產地與非產地更換茶葉的頻度

胃癌死亡率高的非產地　胃癌死亡率低的非產地

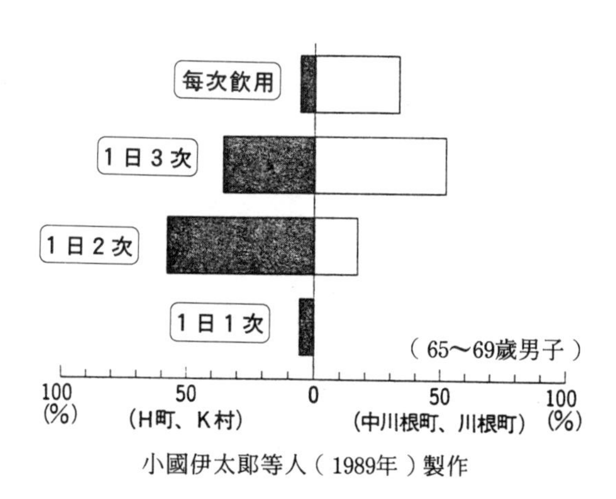

小國伊太郎等人（1989年）製作

一二六頁中，將癌死亡率很低的靜岡縣茶生產地與死亡率較高的非生產地，其居民喝茶方法的不同以圖表示出來。癌死亡率偏低的生產地，每飲用一次就換一次茶葉的傾向很強，可見若要期待茶產生效能，就要經常替換茶葉才行。

●從好喝的茶中同時攝取兒茶酚

兒茶酚及咖啡因，皆是水溫越高越容易溶解釋出的成份，但是以前的人說「喝第一泡茶時水溫要適中，以品嚐其甘甜味，喝第二泡時水溫要高，以品嚐其澀味」，可見喝茶首先要注重的還是其風味與香氣。

茶的好喝正在於其甜味與澀味的平衡性。茶的甜味來自於丹寧、谷氨酸等氨基酸，以低溫的水便可使其溶出。

泡茶的溫度依茶的種類而有所不同，應種類之不同而沖泡好喝的茶之方法，可參考左例表格。即使是同樣的茶，如果水溫不同，味道也會有所差異。

●水質也是泡茶的重要條件

正如各位所知，自來水含有鈉成份，假使直接以自來水來泡茶，茶是不會好喝的。所以在泡茶時，要讓水沸騰二～三分鐘後，冷卻到適當溫度再拿來泡茶；而使用開飲機或熱水瓶泡茶之時，也要讓水沸騰二～三次之後才可用來泡茶。

鈉的臭味在放置四～五小時之後會自動消失，所以最好不要直接以水龍頭的水去煮沸，應該前晚就汲取水放置備用。而且水中的鈉還會使得茶中的維他命C被破壞呢！

●不喜歡澀味的人可以喝「冰水茶」

有些人不喜歡茶的澀味，所以建議這些人飲用「冰水茶」，這種茶的澀味較少，容易入喉。

作法很簡單，只要在冷水壺中加入水，再放入較多的茶葉，然後放置冰箱中浸泡一夜，隔天早上就有好喝的冰水茶可以喝了。製作冰水茶時，要儘量選用高級煎茶，而且水也一定要是煮沸過的水才行。

最近市面上發售了許多罐裝綠茶，當外出或外食無法泡茶來喝時，不妨利用罐裝的茶來代替。

●選擇好喝的茶葉以及店鋪的選擇

選擇好喝的茶有許多基準，價格為其中一個指標。雖然價格高並不一定必為好茶，但是以綠茶而言，專售店的價格大概就是決定品質的基準，通常一〇〇g八〇〇～一二〇〇元日幣左右的茶，即為不錯的煎茶了。如果試喝之後，覺得風味和價格皆十分滿意的話，那就可以購買。

選茶時最好選擇顏色深綠、有光澤，葉子細長、彎曲，且須注意是否混入莖或粉末。如果可以和自己喜歡的茶店老闆交成朋友，就自然能隨時喝到好茶囉！

●好的茶要儘早飲用

茶與空氣接觸之後會快速氧化，茶色會變色，香味也會消失，而且兒茶酚會被氧化，維他命C會被分解。尤其是玉露或煎茶等高級茶，這種傾向更強，因此茶葉開封後要立刻密封於罐子內，並放置於冷藏室保存。

袋裝的茶葉為防止變質，要利用完全抽出空氣的真空包裝或是注入氮氣再加以密封，以便長期保存。但是一旦開封後，便會急速變質，所以在開封後要嚴密地再封好，然後放入冷藏室中。

(2)食用茶葉可以攝取到所有的有效成份

●茶葉渣仍殘留著營養

飲茶後的茶葉渣，一般都當作垃圾被處理掉，但是就營養而言，其中還殘留著不溶於水的脂溶性胡蘿蔔素（維他命A）、維他命E、食物纖維等。

例如，煎茶的葉中，含有胡蘿蔔素十三mg、維他命E六五・四mg、食物纖維十・六g，這些營養素，光靠飲用是無法攝取到的。

為什麼要將茶當成超級黃綠色蔬菜來食用呢?就是為了要享受茶葉整個食用後的特性效果而產生的想法。

一天最好食用二小匙

那麼大概要吃多少才足夠呢?前述癌死亡率偏低的靜岡縣茶生產地的人們，一天要喝十杯的茶，換算其中兒茶酚含量（一～一・五g），則相當於十g的茶葉，也就是二大匙以上。

一天要吃十g的茶，有人大概會覺得太辛苦了吧?但是如果能由飲用、食用兩方面來進行，相信就沒有問題。

因此，每日只要食用約三g、也就是兩小匙左右的茶，其餘的只要在每餐飯中、飯後飲用各二匙，合計一日六杯的茶就可以了。

●藉由烹調的巧思作成好吃的食物

雖然吃茶有那麼多好處，但是有人認為茶葉又澀、又苦，似乎是不太容易入口的東西。其實只要按照先前所介紹的料理法，多花一些巧思，就能烹調出具有獨特茶香、茶色又美味可口的料理。

茶料理由營養面看來也非常優異，因為兒茶酚及維他命C都是比較耐熱的營養。其他的蔬菜、水果中所含的維他命C，大都在加熱的調理過程中會喪失五〇～六〇％；而相對的，茶葉中的維他命C因為有兒茶酚的作用，耐熱性會比較強。

而且大家都知道，脂溶性的胡蘿蔔素與油一起炒過後，會提高其吸收率。兒茶酚也具有抑制油氧化的作用，因此茶葉是相當適合使用於油製料理中的素材。

●食用只要普通煎茶即可

茶料理的應用範圍很廣，無論是日式、西式或中式料理皆合適。使用於料理的茶葉，只要普通的煎茶就足夠。

從營養面看來，價格高的抹茶或玉露所含之維他命C、E、食物纖維等，並不比價格低的煎茶來得多。但是下級煎茶及粗茶則不適合使用，因為吃起來較硬，不易調理。

如果覺得料理起來比較麻煩的話，可以先將煎茶用果汁機或攪拌機打成粉末狀，使用起來就非常方便了。

最近市面上所販售的咖啡豆用磨豆機，可以用來將茶磨成粉，再加上市售的胡椒等調味料，就成為自製的「茶調味粉」。

●煮茶葉渣也能成為一道好菜

在這個物資過剩的時代，要把茶渣也作為菜餚，似乎是一件不可思議的事，不過從營養層面看來，茶渣的確是相當好的素材，因此不妨拋棄先入為主的觀念，時常將茶渣端上餐桌吧！

茶渣可以煮成下酒菜，可以與麵包粉等作成油炸料，也可以與煎茶一樣混合其他材料，作成調味粉使用。

茶葉的淵源

——回顧茶葉的文化及歷史

①好茶葉是如何形成的呢?

——茶樹及栽培法

茶樹曾歷經長年累月的品種改良

茶樹在植物學上屬於椿科。

山茶樹也是與其同科的植物，所以如果不是經過改良而任其自然生長，那麼茶樹可能比山茶樹或椿樹還要矮小，只能開著可憐的小白花。

茶的原產地為何處?衆說紛紜，但最有力的說法是中國西南部的雲南。此地為茶的原鄉，從此地開始到印度阿薩姆再到泰國、緬北部的山岳地帶，以及中國南部到日本西南部呈現帶狀分佈，也就是所謂亞細亞照葉樹林帶的區域，由這裡再推廣至世界各地。

中國雲南省的南部，現在還有樹齡一〇〇〇年的茶樹生長著，可以推定為現在栽培茶樹之前的野生茶樹品種。當茶推廣到世界各地後，再歷經長年累月，改良出適應該土地的品種。

雖然現在茶樹的種類相當豐富，但大體上還是分為中國種及阿薩姆種二個系統。

中國種的茶樹大多是約人體高度的灌木(低木)，葉子較小、為圓形，特徵是耐寒力很強，在中國、日本栽培作為綠茶、烏龍茶用。

阿薩姆茶種的茶樹，野生的可以長到二十公尺到三十公尺，為喬木（高木），葉子也比中國種要大上一圈，是較不耐寒的樹木。栽培種的茶樹則修剪到手容易摘取的高度，依其名字推測，應該是栽培於印度、斯里蘭卡等熱帶地區，作為製造紅茶之用。

茶園的壟是為了提升品質與生產效率

茶樹是十分強健的植物。為了生產綠茶，一年可以採收三～四次新芽或嫩葉，也完全不受影響。

茶樹大都以插木法來栽培。在一平方公尺的插木床上植入約二〇〇～三〇〇株苗木，待日晒、灌概後長到五十公分左右時，便移植到茶園去栽種。大約到了第七年至第十年左右，能夠採收到標準的收穫量，而這時期的綠茶也是品質最佳的時候。

為了使茶園有非常整齊的壟，便必須時常修剪，如果放任不管，茶樹就會枝葉繁茂雜亂，這時用機器採收的話，會將嫩葉與硬葉一起採收走，因此一定要經常修剪。當春天茶樹萌發新芽或嫩葉時，會伸出樹的外側，便能夠採收到品質優良的綠茶。

農家在每年的春秋之間數度採收嫩葉，然後在次年春天來臨前，將茶樹修剪得非常整齊。茶園的壟，是為了提昇綠茶品質與生產效率所花費的工夫，乃獨特的茶園景觀。

最高級的「一芯二葉」新茶

接下來我們談談採茶。

以前是以手工來採茶，現在則是用機器來摘取，但是在一首歌謠中描述在第八十八夜所摘的茶葉是屬一級的茶，香味濃馥、最受人歡迎的新茶，至今未變。尤其是「一芯二葉」，在新發出的芽上，呈現二枚嫩葉中伸出細棒狀嫩芽之狀態，摘取這種嫩葉所製造的茶，是非常薄、非常柔軟的最高級綠茶，而普通所摘取的茶葉大都是「一芯三葉」。

第一次所摘取的茶葉稱為一級茶，此時的葉子是最嫩的狀態，然後依序為二級茶、三級茶。普通摘二～四次時，時序便已進入秋天，即使是相同的嫩葉也會較八十八夜時摘取的硬，這樣的綠茶品質就比較低下。一般所稱的粗茶，大概就是指三級茶、四級茶。

融合天時（氣象）、地利（土壤）人和（智慧與經驗）才能製出好茶

對於一般農作物而言，沐浴在陽光下的平野地區會得到較高的收穫量，但是茶葉則必須在日夜溫差大、較為冷涼的山區，才能培育艮質的茶。因此，沿川河岸、水氣較多、溼度較高的地區是最為理想的環境。

日本有名的茶葉產地，大都是靠近河岸，早晚有霧、靄籠罩的地方，如靜岡大井川上游

的川根茶、天龍川上游的天龍茶、安倍川上游的本山茶、京都宇治川的宇治茶、福岡的八女茶、佐賀的嬉野茶等，都具備這樣的條件。

與其一整天都籠罩在陽光下，茶葉更適合透過霧、靄遮蔽的自然太陽光線，由於適度的日照，茶的澀味、苦味會減少，造成甘味成份的氨基酸會增加。因此在平地栽培玉露或天茶（製造抹茶的原料）或冠茶（準玉露）等高級茶時，必須利用人工的遮蔭，使其接近山間的自然狀態。

原本玉露或天茶等高級茶就很嫌惡太陽的直射，因此經過人工遮蓋的茶園所產出的芽都較為肥碩。而從茶樹根部吸收的養分，也由於陽光被遮蔽而能大量留於葉上，製造茶特有的甘味成份之丹寧、谷氨酸也會增加。

栽培好茶的另一項條件為土壤。自古以來，粘土、砂、砂礫土等岩石經風化而形成的弱酸性土壤，排水性佳，一直是培育茶的優良選擇。

大阪府的茶商、以茶研究家而聞名的谷本陽藏先生所著『茶的生長環境』中提到——「氣象與土壤以及先人長年的智慧、經驗，也就是天、地、人三項的調和，才能製造出好茶。」

②各種茶的製造過程

——茶的種類與製茶法

不發酵的綠茶、半發酵的烏龍茶與發酵的紅茶，製法各有不同，成份也有異

一般談到茶時，總會想到綠茶、烏龍茶、紅茶這三種茶。雖然它們是由不同品種的樹所生成，但是同屬於椿科卻是不變的。

其製造方法可分為發酵與不發酵，有很大的差異，這樣的差異也使得成份變得不同。

首先，綠茶是屬於不發酵茶，也就是不使得新鮮茶葉氧化、不使其失去綠色的製法。從茶園中摘取的茶葉，為了促使內含的氧化酵素活動儘速停止，因此製茶工廠會立刻加以蒸或煎，進行加熱的工作，當完成防止氧化、褐變化的處理後，再一邊揉成球狀或細長針狀、一邊令其乾燥為成品。

這是防止茶葉養分流失的最佳製法，也是為什麼綠茶比紅茶或烏龍茶健康的最大理由。

相對的，紅茶是一種發酵茶，製法恰好與綠茶完全相反。首先不加熱新鮮茶葉而任其萎凋，為了助長氧化作用，便會加以揉搓，在揉搓過程中會傷害到葉片，破壞葉面細胞，促進氧化，最後再加熱以停止氧化酵素的作用，然後將之乾燥。

製造工程中搓揉茶葉的過程，是為了能泡出好茶，乃綠茶、紅茶、烏龍茶都不能缺乏的工程。

烏龍茶是半發酵茶，藉由日光使其凋萎或置於室內風熱，使茶葉的水分漸漸減少，待氧化到三〇%程度時再加熱，以停止其氧化的進行。它不像紅茶是全部發酵到葉子變紅為止，所以為半發酵製法。

紅茶及烏龍茶，即使具有程度上的差異，但也都是藉由風乾過程使得葉子氧化，與一摘下葉子就馬上加熱以防止氧化的綠茶比較起來，維他命類的含量非常少，尤其是紅茶，其中能有助於健康、美容的維他命C幾乎已經完全喪失了。

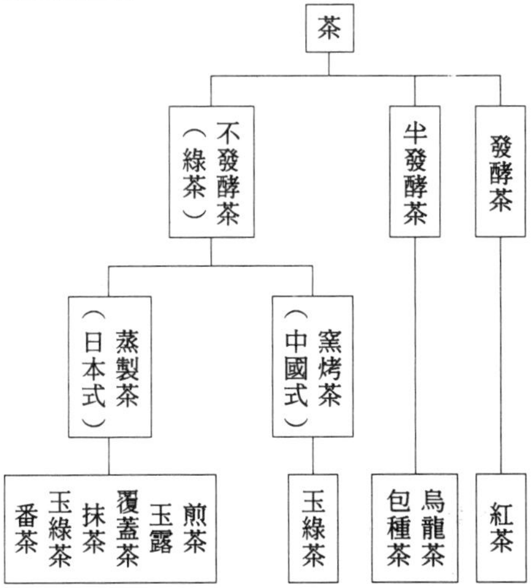

普通煎茶及粗茶占總產量的九成

綠茶可分為抹茶、煎茶、粗茶、玉露等各

茶的分類

- 茶
  - 發酵茶
    - 紅茶
  - 半發酵茶
    - 烏龍茶、包種茶
  - 不發酵茶（綠茶）
    - 窯烤茶（中國式）
      - 玉綠茶
    - 蒸製茶（日本式）
      - 煎茶、玉露、覆蓋茶、抹茶、玉綠茶、番茶

綠茶的製造

胚茶製造過程

茶園
每年四月中下旬到五月左右開始採茶，以手摘或採茶機採收後，運送到製茶工廠。

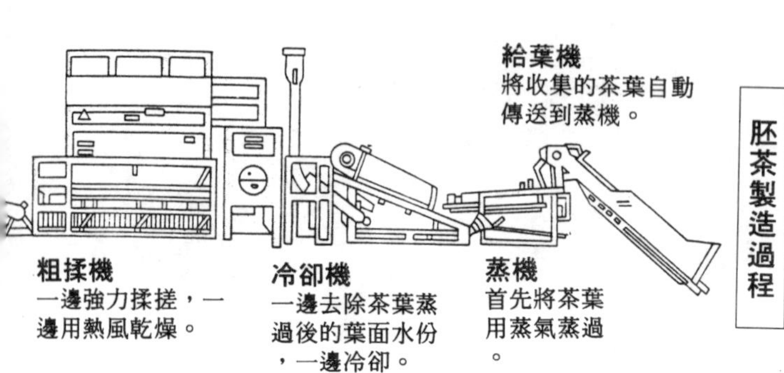

給葉機
將收集的茶葉自動傳送到蒸機。

蒸機
首先將茶葉用蒸氣蒸過。

冷卻機
一邊去除茶葉蒸過後的葉面水份，一邊冷卻。

粗揉機
一邊強力揉搓，一邊用熱風乾燥。

加工茶製造過程

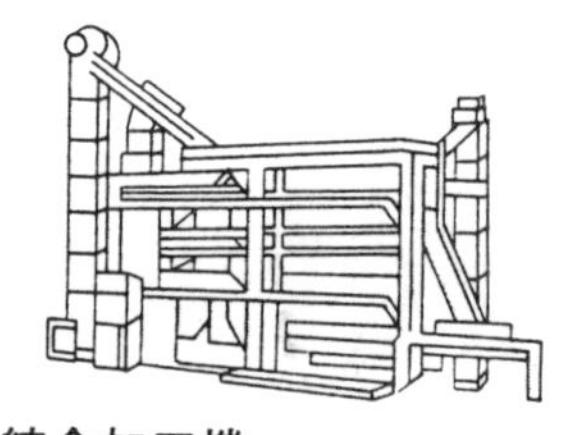

綜合加工機
胚茶中混合了各種形狀大小不同的葉子，故以加工機區分處理＜篩揀＞＜切斷＞。

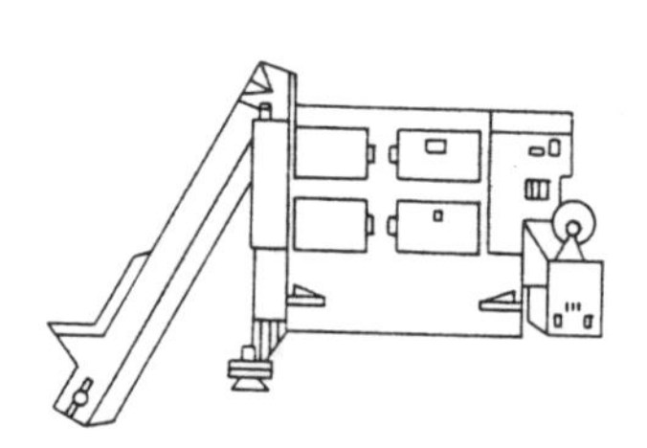

加工茶乾燥機
在使茶更加乾燥的同時，引出茶的獨特香氣、味道。

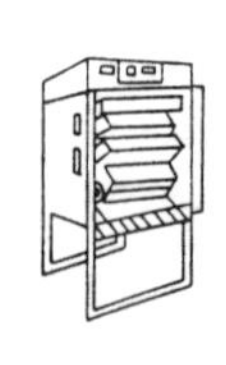

選別機
剔除木莖或細莖。

式各樣的種類，這是大家都知道的。

　雖然作為原料的生葉有所不同，但所有的製造過程都是相同的。而烘焙茶則是將綠茶烘焙至褐色，以價格的差異而言，還有蒸製的綠茶。

　現在日本究竟有多少種綠茶呢？關於綠茶的種類，請詳見八四～八五頁。

　此外，各種綠茶的生產比例，請參照左圖所示。依照圖示可以發現，綠茶生產量的八成以上是普通煎茶，如果再加上粗茶則超過九成。我們一般所飲用的茶幾乎都是普通煎茶或粗茶。接下來我們可以看到茶生產量與消費量演變的圖示。

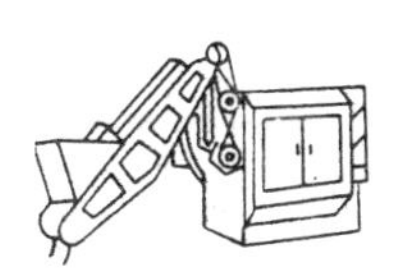

乾燥機
將搓揉完成的茶葉充分乾燥。
※至此胚茶製造過程完成。

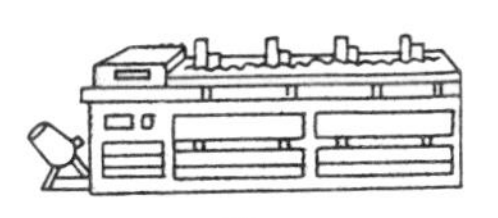

精揉機
對茶葉施加熱度與力量，一邊整形，一邊乾燥。

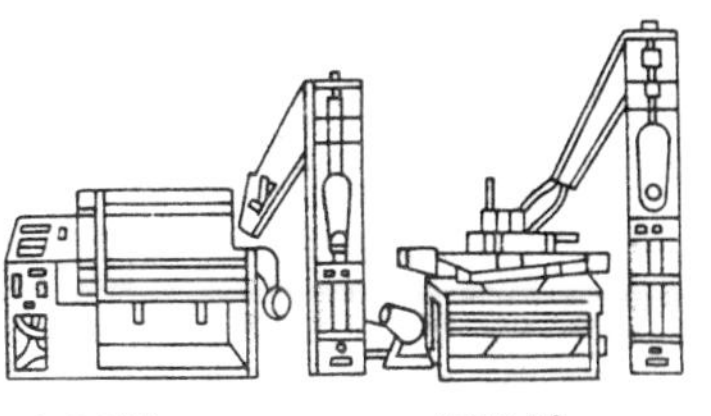

中揉機
再度搓揉茶葉，同時用熱風使其乾燥。

揉捻機
一邊將水均匀地灑在茶葉上，一邊強力揉搓。

茶行
將茶放入袋中或罐中，以包裝形式販賣。

輸送
產地的茶商利用卡車或火車將茶運送到各地的茶行販賣。

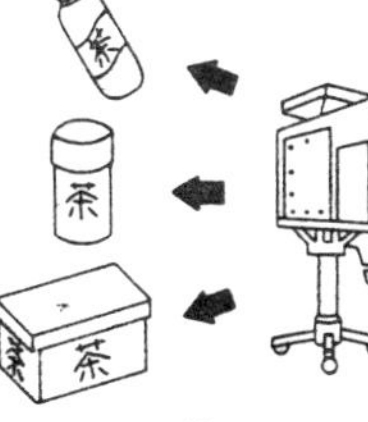

包裝
將組合機中的茶葉放入計量的茶箱或茶袋加以包裝。

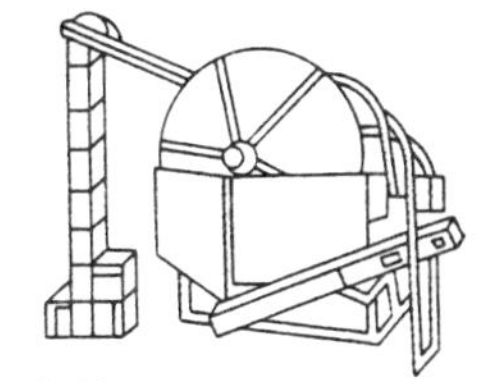

組合機
進行產品的調整及配合的均一化過程
至此加工茶的製造過程完成。

綠茶的種類與生產比例

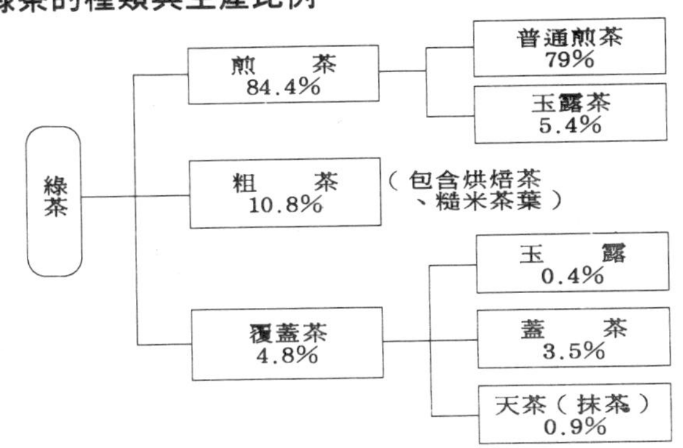

根據農林水產省「1991年產茶生產量」

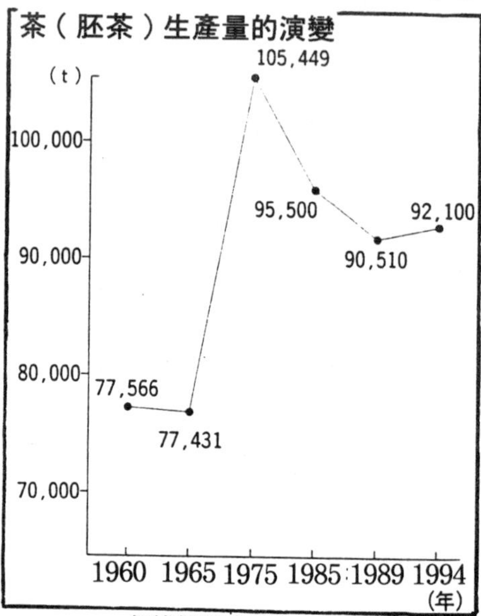

根據靜岡縣茶業會議所的資料作成

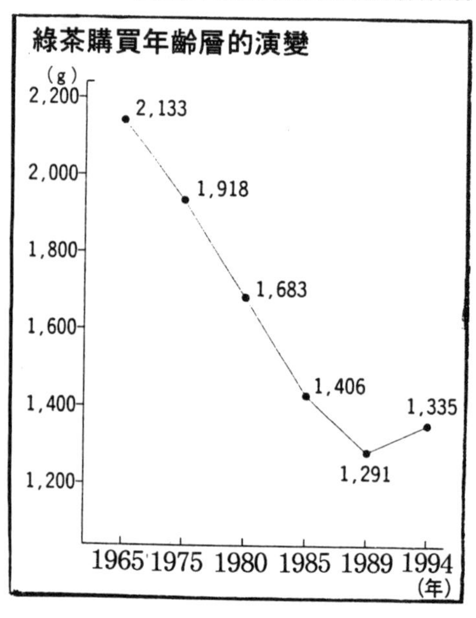

③茶的歷史回顧

茶的歷史開始於「食用藥」

前面已敍述過，茶的原產地為中國南部的雲南省，屬於亞洲氣候溫暖的地區。而茶的飲用習慣，也是以中國為起源。

在中國有許多關於茶的各式各樣傳說。其中最有名的是西元前二七〇〇年，中國醫學的始祖，也是中國古代傳說中的神祇「神農」，將茶的效用介紹給衆人。在其後所述的茶之古籍『茶經』中，描述神農在山野中奔走，採集草根木皮，並食用採來的東西以確認其藥效，每當中毒時，他便食用茶葉來解毒。

除了神農的傳說之外，在人們將茶當作飲料、廣為愛好之前，其實是藥的身份，人們直接咀嚼新鮮的葉子，以吃的方式來利用茶葉。

關於食用茶的歷史，除了古老的例子外，在原產地的中國南部及泰國、緬甸北部的山區民族中，至今都還把茶葉作成醃漬物，直接以固體形態來食用。有趣的是，吃茶的泰國山區民族，直到最近才知道有人將茶用來「喝」呢！

中國、陸羽所著的茶之聖經『茶經』

就史實來看，究竟何時開始栽培茶，又是何時成為廣泛嗜好的習慣呢？

其歷史非常古老，大約在西元三世紀時的漢朝時代，在中國南部的四川省，有一種製成茶磚狀的天茶（團茶）或茶菓，將之碾碎後與洋蔥或生薑混合，再注入熱水飲用，當時的字書『廣雅』中便有記載。但是這種飲用法還不算是喝茶，因為當時只是用來尋求茶的解熱、解毒及驅除睡意的藥效而已。

其後進入佛教極興盛的三國時代，因為佛教的五戒之一就是禁止飲酒，因此茶被當作代替的飲品，大受歡迎。值此契機，茶葉的栽培、買賣非常興盛。

到了六世紀時的隋朝，原本只限於上流社會或僧侶的飲茶風氣，漸漸廣傳至民間；直至八世紀中葉的唐朝時，開始有「專門賣茶」的店流行起來，茶已經是都市中一般民衆不可或缺的飲料了。

在唐朝時，相當於西元七六〇年間，茶產地湖北省的文人陸羽著了一部『茶經』，這是有關於茶的第一本專門書。其中記載茶的發源、栽培法、茶具、泡茶法、飲用法，與茶有關的人物記事、產地等，將一些原本片段性的茶資訊作了系統性整理。『茶經』由「茶為南方嘉木」起始，共有三卷，直到現在還被奉為茶的聖經，得到讀者相當高的評價，而陸羽也因此書被尊稱為茶祖。

渡唐僧永忠將「團茶」帶回日本

茶傳入日本是從平安初期，渡唐的僧侶最澄、空海、永忠等人與遣唐使將茶帶回日本開始。

最早的飲茶風俗記錄，是記載於平安初期編纂的史書『日本後紀』中。入唐僧其中之一的近江梵釋寺之永忠，在歸國後的西元八一五年左右，招待由近江國到訪的嵯峨天皇至自己的寺中，並獻上煎好的茶之事。唐朝文化的代表之一——飲茶，在當時的知識份子間頗為流行，在『凌雲集』等漢詩文集中都曾談及飲茶的嗜好。

當時的茶據推測應該是如陸羽『茶經』中所述，是如茶磚般固體的茶（團茶），雖然中國似乎已有粗茶般的葉茶存在，但因至日本的路途遙遠，且顧慮到船運的便利，避免茶品質變化，因此茶磚自然是最佳的考慮。

其飲用方法是將用火烘過的團茶，用手剝開或用小刀削下，放入藥的研鉢中研磨成粗粉末，然後以鍋加水煎煮，倒在茶碗中飲用的方法。

嵯峨天皇命令在近畿周邊諸國種植茶葉，同時在平安京的一角設置茶園，並於內藏寮藥殿進行製茶，積極進行茶的栽培及製茶工程。這時的茶尙僅流行於上流階級或於儀式慶典中飲用，日常飲用的愛好尙未成形。

日本的飲茶歷史記載始於榮西的『喫茶養生記』

日常飲用茶的起源，應是鎌倉時代臨濟宗開祖的榮西，他將當時宋朝的新茶種及新飲用法——抹茶法帶回日本，不僅是禪宗，也推廣了飲茶的風氣。

榮西不僅致力於茶的栽培推廣，且大力宣傳「茶為養生的仙藥、延命的妙術」及茶的效用，著作『喫茶養生記』推廣茶為長壽之藥。日本記載茶的歷史，應推溯到『喫茶養生記』，這本書於談論到飲茶文化時，是不可或缺的一本書。

榮西談論到茶的效能時，將之分為⑴飲茶可以解酒，⑵可以解渴、去除疾病，⑶助消化，⑷具有利尿效果。

茶的製作法為將新鮮葉子蒸過、搓揉然後乾燥，與今日的天茶（抹茶之原料）製作法幾乎完全相同。不僅是綠茶的製法，連飲用法也是先將茶葉在茶臼中磨成粉末，倒入茶碗中、注入熱水，然後以茶刷攪拌混合，可謂是今日飲用茶汁的源流。

榮西的功勞在於推廣茶的簡便製法與飲用法，並大力宣傳其藥效性，致使茶得以普及於各地。但是在日本茶的草創時期，還有一位與榮西並列、不可遺漏的人物，就是明惠上人。

山城，栂尾高山寺的明惠，攜帶著榮西所贈的茶樹在各地從事佈教活動，因此把茶推廣到全國各地。經由明惠等人的努力，茶栽培開始活躍，原本只是上流社會或寺院僧侶於儀式慶典中飲用及藥用的茶，逐漸變成民間所嗜好的一種飲料了。

談到日本文化，不能不談及茶

在十四世紀的南北朝時，盛行在勃興的武士們中舉行茶會，而且在各地都有茶園設立。到了室町時代，由茶湯所塑造出的獨特日本茶文化成形。也就是藉由泡茶、飲茶來修養身心、推廣交際禮儀，將茶與精神世界相結合的「茶道」。

早期盛行與武士階級的飲茶，以高價的獎品獎勵茶品定的競賽「鬥茶」為中心，相當華美、奢侈，還加上酒會的形態，這種傾向達到頂點，是在於室町時代的八代將軍足利義政之時。

而榮西倡導的純粹注重茶之藥效、茶味的享受，簡便並質樸的禪院飲茶法，相當背離於當時的風潮。因此僧侶村田珠光便主張將禪與茶的精神統一而創「禪寂茶」法，於是榮西的飲茶法流行於富人、信長、秀吉等新興的名人之間，直到十六世紀由千利休完成了茶道。

以「寂靜」「古雅」為特徵的茶文化，其精神對於茶室等空間設計、陶器等美術工藝及料理製菓等，都有很大幅度的影響。今日的日本傳統文化大都歸源於此，但是在當時，飲茶是藉助海外的工藝技術及西洋風的飲食文化，卻是非常「摩登」的文化哦！

從江戶時代開始，茶變成日常飲料

江戶時代，抹茶法的茶會逐漸形式化、禮儀化、遊藝化；而另一方面，庶民百姓間也開始廣為流行類似現在的將熱水注入茶葉中泡出之煎茶飲用法，非常輕鬆。茶成為普羅大眾的飲料而普及化，產生新的風俗、習慣，茶的庶民文化開花結果。除了用餐時間外，在工作休息時也會喝茶，形成輕鬆的社交場合，「茶」已經成為日常茶飯，談到茶就聯想到簡單輕鬆的飲食、休閒社交場合等理所當然的飲料。

真正的象徵意義在於此時代開始，茶成為庶民飲料，也開始注重煎茶製法的改良，確立手揉茶葉的技巧。在江戶時代末期製的茶葉，已經和現在的綠茶一樣具有鮮艷的色與彩了。

在生產量方面，經過江戶時期，茶已經是全國各地的重要產物，並在一八五九年時茶葉開始輸出海外，成為日本的代表性產物。

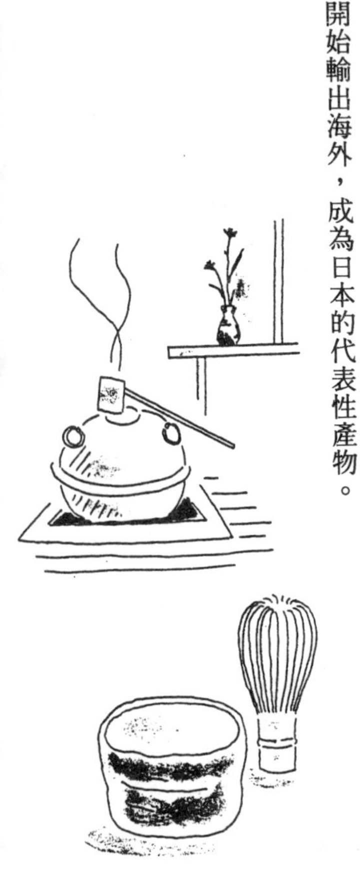

大展出版社有限公司	圖書目錄
地址：台北市北投區11204 致遠一路二段12巷1號 郵撥： 0166955～1	電話：(02) 8236031 8236033 傳眞：(02) 8272069

• 法律專欄連載 • 電腦編號 58

台大法學院 法律學系／策劃
法律服務社／編著

①別讓您的權利睡著了[1]	200元
②別讓您的權利睡著了[2]	200元

• 秘傳占卜系列 • 電腦編號 14

①手相術	淺野八郎著	150元
②人相術	淺野八郎著	150元
③西洋占星術	淺野八郎著	150元
④中國神奇占卜	淺野八郎著	150元
⑤夢判斷	淺野八郎著	150元
⑥前世、來世占卜	淺野八郎著	150元
⑦法國式血型學	淺野八郎著	150元
⑧靈感、符咒學	淺野八郎著	150元
⑨紙牌占卜學	淺野八郎著	150元
⑩ＥＳＰ超能力占卜	淺野八郎著	150元
⑪猶太數的秘術	淺野八郎著	150元
⑫新心理測驗	淺野八郎著	160元

• 趣味心理講座 • 電腦編號 15

①性格測驗１	探索男與女	淺野八郎著	140元
②性格測驗２	透視人心奧秘	淺野八郎著	140元
③性格測驗３	發現陌生的自己	淺野八郎著	140元
④性格測驗４	發現你的真面目	淺野八郎著	140元
⑤性格測驗５	讓你們吃驚	淺野八郎著	140元
⑥性格測驗６	洞穿心理盲點	淺野八郎著	140元
⑦性格測驗７	探索對方心理	淺野八郎著	140元
⑧性格測驗８	由吃認識自己	淺野八郎著	140元
⑨性格測驗９	戀愛知多少	淺野八郎著	160元

⑩性格測驗10	由裝扮瞭解人心	淺野八郎著	140元
⑪性格測驗11	敲開內心玄機	淺野八郎著	140元
⑫性格測驗12	透視你的未來	淺野八郎著	140元
⑬血型與你的一生		淺野八郎著	160元
⑭趣味推理遊戲		淺野八郎著	160元
⑮行爲語言解析		淺野八郎著	160元

・婦 幼 天 地・電腦編號 16

①八萬人減肥成果	黃靜香譯	180元
②三分鐘減肥體操	楊鴻儒譯	150元
③窈窕淑女美髮秘訣	柯素娥譯	130元
④使妳更迷人	成 玉譯	130元
⑤女性的更年期	官舒妍編譯	160元
⑥胎內育兒法	李玉瓊編譯	150元
⑦早產兒袋鼠式護理	唐岱蘭譯	200元
⑧初次懷孕與生產	婦幼天地編譯組	180元
⑨初次育兒12個月	婦幼天地編譯組	180元
⑩斷乳食與幼兒食	婦幼天地編譯組	180元
⑪培養幼兒能力與性向	婦幼天地編譯組	180元
⑫培養幼兒創造力的玩具與遊戲	婦幼天地編譯組	180元
⑬幼兒的症狀與疾病	婦幼天地編譯組	180元
⑭腿部苗條健美法	婦幼天地編譯組	180元
⑮女性腰痛別忽視	婦幼天地編譯組	150元
⑯舒展身心體操術	李玉瓊編譯	130元
⑰三分鐘臉部體操	趙薇妮著	160元
⑱生動的笑容表情術	趙薇妮著	160元
⑲心曠神怡減肥法	川津祐介著	130元
⑳內衣使妳更美麗	陳玄茹譯	130元
㉑瑜伽美姿美容	黃靜香編著	150元
㉒高雅女性裝扮學	陳珮玲譯	180元
㉓蠶糞肌膚美顏法	坂梨秀子著	160元
㉔認識妳的身體	李玉瓊譯	160元
㉕產後恢復苗條體態	居理安・芙萊喬著	200元
㉖正確護髮美容法	山崎伊久江著	180元
㉗安琪拉美姿養生學	安琪拉蘭斯博瑞著	180元
㉘女體性醫學剖析	增田豐著	220元
㉙懷孕與生產剖析	岡部綾子著	180元
㉚斷奶後的健康育兒	東城百合子著	220元
㉛引出孩子幹勁的責罵藝術	多湖輝著	170元
㉜培養孩子獨立的藝術	多湖輝著	170元

㉝子宮肌瘤與卵巢囊腫　陳秀琳編著　180元
㉞下半身減肥法　納他夏・史達賓著　180元
㉟女性自然美容法　吳雅菁編著　180元
㊱再也不發胖　池園悅太郎著　170元
㊲生男生女控制術　中垣勝裕著　220元
㊳使妳的肌膚更亮麗　楊　皓編著　170元

・青 春 天 地・電腦編號 17

①A血型與星座　柯素娥編譯　120元
②B血型與星座　柯素娥編譯　120元
③O血型與星座　柯素娥編譯　120元
④AB血型與星座　柯素娥編譯　120元
⑤青春期性教室　呂貴嵐編譯　130元
⑥事半功倍讀書法　王毅希編譯　150元
⑦難解數學破題　宋釗宜編譯　130元
⑧速算解題技巧　宋釗宜編譯　130元
⑨小論文寫作秘訣　林顯茂編譯　120元
⑪中學生野外遊戲　熊谷康編著　120元
⑫恐怖極短篇　柯素娥編譯　130元
⑬恐怖夜話　小毛驢編譯　130元
⑭恐怖幽默短篇　小毛驢編譯　120元
⑮黑色幽默短篇　小毛驢編譯　120元
⑯靈異怪談　小毛驢編譯　130元
⑰錯覺遊戲　小毛驢編譯　130元
⑱整人遊戲　小毛驢編著　150元
⑲有趣的超常識　柯素娥編譯　130元
⑳哦！原來如此　林慶旺編譯　130元
㉑趣味競賽100種　劉名揚編譯　120元
㉒數學謎題入門　宋釗宜編譯　150元
㉓數學謎題解析　宋釗宜編譯　150元
㉔透視男女心理　林慶旺編譯　120元
㉕少女情懷的自白　李桂蘭編譯　120元
㉖由兄弟姊妹看命運　李玉瓊編譯　130元
㉗趣味的科學魔術　林慶旺編譯　150元
㉘趣味的心理實驗室　李燕玲編譯　150元
㉙愛與性心理測驗　小毛驢編譯　130元
㉚刑案推理解謎　小毛驢編譯　130元
㉛偵探常識推理　小毛驢編譯　130元
㉜偵探常識解謎　小毛驢編譯　130元
㉝偵探推理遊戲　小毛驢編譯　130元

㉞趣味的超魔術	廖玉山編著	150元
㉟趣味的珍奇發明	柯素娥編著	150元
㊱登山用具與技巧	陳瑞菊編著	150元

・健 康 天 地・電腦編號 18

①壓力的預防與治療	柯素娥編譯	130元
②超科學氣的魔力	柯素娥編譯	130元
③尿療法治病的神奇	中尾良一著	130元
④鐵證如山的尿療法奇蹟	廖玉山譯	120元
⑤一日斷食健康法	葉慈容編譯	150元
⑥胃部強健法	陳炳崑譯	120元
⑦癌症早期檢查法	廖松濤譯	160元
⑧老人痴呆症防止法	柯素娥編譯	130元
⑨松葉汁健康飲料	陳麗芬編譯	130元
⑩揉肚臍健康法	永井秋夫著	150元
⑪過勞死、猝死的預防	卓秀貞編譯	130元
⑫高血壓治療與飲食	藤山順豐著	150元
⑬老人看護指南	柯素娥編譯	150元
⑭美容外科淺談	楊啟宏著	150元
⑮美容外科新境界	楊啟宏著	150元
⑯鹽是天然的醫生	西英司郎著	140元
⑰年輕十歲不是夢	梁瑞麟譯	200元
⑱茶料理治百病	桑野和民著	180元
⑲綠茶治病寶典	桑野和民著	150元
⑳杜仲茶養顏減肥法	西田博著	150元
㉑蜂膠驚人療效	瀨長良三郎著	150元
㉒蜂膠治百病	瀨長良三郎著	180元
㉓醫藥與生活	鄭炳全著	180元
㉔鈣長生寶典	落合敏著	180元
㉕大蒜長生寶典	木下繁太郎著	160元
㉖居家自我健康檢查	石川恭三著	160元
㉗永恒的健康人生	李秀鈴譯	200元
㉘大豆卵磷脂長生寶典	劉雪卿譯	150元
㉙芳香療法	梁艾琳譯	160元
㉚醋長生寶典	柯素娥譯	180元
㉛從星座透視健康	席拉・吉蒂斯著	180元
㉜愉悅自在保健學	野本二士夫著	160元
㉝裸睡健康法	丸山淳士等著	160元
㉞糖尿病預防與治療	藤田順豐著	180元
㉟維他命長生寶典	菅原明子著	180元

㊱維他命C新效果	鐘文訓編	150元
㊲手、腳病理按摩	堤芳朗著	160元
㊳AIDS瞭解與預防	彼得塔歇爾著	180元
㊴甲殼質殼聚糖健康法	沈永嘉譯	160元
㊵神經痛預防與治療	木下眞男著	160元
㊶室內身體鍛鍊法	陳炳崑編著	160元
㊷吃出健康藥膳	劉大器編著	180元
㊸自我指壓術	蘇燕謀編著	160元
㊹紅蘿蔔汁斷食療法	李玉瓊編著	150元
㊺洗心術健康秘法	竺翠萍編譯	170元
㊻枇杷葉健康療法	柯素娥編譯	180元
㊼抗衰血癒	楊啟宏著	180元
㊽與癌搏鬥記	逸見政孝著	180元
㊾冬蟲夏草長生寶典	高橋義博著	170元
㊿痔瘡・大腸疾病先端療法	宮島伸宜著	180元
51膠布治癒頑固慢性病	加瀨建造著	180元
52芝麻神奇健康法	小林貞作著	170元
53香煙能防止癡呆？	高田明和著	180元
54穀菜食治癌療法	佐藤成志著	180元
55貼藥健康法	松原英多著	180元
56克服癌症調和道呼吸法	帶津良一著	180元
57Ｂ型肝炎預防與治療	野村喜重郎著	180元
58青春永駐養生導引術	早島正雄著	180元
59改變呼吸法創造健康	原久子著	180元
60荷爾蒙平衡養生秘訣	出村博著	180元
61水美肌健康法	井戶勝富著	170元
62認識食物掌握健康	廖梅珠編著	170元
63痛風劇痛消除法	鈴木吉彥著	180元
64酸莖菌驚人療效	上田明彥著	180元
65大豆卵磷脂治現代病	神津健一著	200元
66時辰療法——危險時刻凌晨４時	呂建強等著	元
67自然治癒力提升法	帶津良一著	元
68巧妙的氣保健法	藤平墨子著	元

・實用女性學講座・電腦編號 19

①解讀女性內心世界	島田一男著	150元
②塑造成熟的女性	島田一男著	150元
③女性整體裝扮學	黃靜香編著	180元
④女性應對禮儀	黃靜香編著	180元

・校 園 系 列・電腦編號 20

①讀書集中術	多湖輝著	150元
②應考的訣竅	多湖輝著	150元
③輕鬆讀書贏得聯考	多湖輝著	150元
④讀書記憶秘訣	多湖輝著	150元
⑤視力恢復！超速讀術	江錦雲譯	180元
⑥讀書36計	黃柏松編著	180元
⑦驚人的速讀術	鐘文訓編著	170元
⑧學生課業輔導良方	多湖輝著	170元

・實用心理學講座・電腦編號 21

①拆穿欺騙伎倆	多湖輝著	140元
②創造好構想	多湖輝著	140元
③面對面心理術	多湖輝著	160元
④偽裝心理術	多湖輝著	140元
⑤透視人性弱點	多湖輝著	140元
⑥自我表現術	多湖輝著	150元
⑦不可思議的人性心理	多湖輝著	150元
⑧催眠術入門	多湖輝著	150元
⑨責罵部屬的藝術	多湖輝著	150元
⑩精神力	多湖輝著	150元
⑪厚黑說服術	多湖輝著	150元
⑫集中力	多湖輝著	150元
⑬構想力	多湖輝著	150元
⑭深層心理術	多湖輝著	160元
⑮深層語言術	多湖輝著	160元
⑯深層說服術	多湖輝著	180元
⑰掌握潛在心理	多湖輝著	160元
⑱洞悉心理陷阱	多湖輝著	180元
⑲解讀金錢心理	多湖輝著	180元
⑳拆穿語言圈套	多湖輝著	180元
㉑語言的心理戰	多湖輝著	180元

・超現實心理講座・電腦編號 22

①超意識覺醒法	詹蔚芬編譯	130元
②護摩秘法與人生	劉名揚編譯	130元
③秘法！超級仙術入門	陸　明譯	150元

④給地球人的訊息	柯素娥編著	150元
⑤密教的神通力	劉名揚編著	130元
⑥神秘奇妙的世界	平川陽一著	180元
⑦地球文明的超革命	吳秋嬌譯	200元
⑧力量石的秘密	吳秋嬌譯	180元
⑨超能力的靈異世界	馬小莉譯	200元
⑩逃離地球毀滅的命運	吳秋嬌譯	200元
⑪宇宙與地球終結之謎	南山宏著	200元
⑫驚世奇功揭秘	傅起鳳著	200元
⑬啟發身心潛力心象訓練法	栗田昌裕著	180元
⑭仙道術遁甲法	高藤聰一郎著	220元
⑮神通力的秘密	中岡俊哉著	180元
⑯仙人成仙術	高藤聰一郎著	200元
⑰仙道符咒氣功法	高藤聰一郎著	220元
⑱仙道風水術尋龍法	高藤聰一郎著	200元
⑲仙道奇蹟超幻像	高藤聰一郎著	200元
⑳仙道鍊金術房中法	高藤聰一郎著	200元

•養 生 保 健• 電腦編號 23

①醫療養生氣功	黃孝寬著	250元
②中國氣功圖譜	余功保著	230元
③少林醫療氣功精粹	井玉蘭著	250元
④龍形實用氣功	吳大才等著	220元
⑤魚戲增視強身氣功	宮 嬰著	220元
⑥嚴新氣功	前新培金著	250元
⑦道家玄牝氣功	張 章著	200元
⑧仙家秘傳袪病功	李遠國著	160元
⑨少林十大健身功	秦慶豐著	180元
⑩中國自控氣功	張明武著	250元
⑪醫療防癌氣功	黃孝寬著	250元
⑫醫療強身氣功	黃孝寬著	250元
⑬醫療點穴氣功	黃孝寬著	250元
⑭中國八卦如意功	趙維漢著	180元
⑮正宗馬禮堂養氣功	馬禮堂著	420元
⑯秘傳道家筋經內丹功	王慶餘著	280元
⑰三元開慧功	辛桂林著	250元
⑱防癌治癌新氣功	郭 林著	180元
⑲禪定與佛家氣功修煉	劉天君著	200元
⑳顛倒之術	梅自強著	360元
㉑簡明氣功辭典	吳家駿編	元

⑳八卦三合功 張全亮著 230元

・社會人智囊・電腦編號 24

①糾紛談判術	清水增三著	160元
②創造關鍵術	淺野八郎著	150元
③觀人術	淺野八郎著	180元
④應急詭辯術	廖英迪編著	160元
⑤天才家學習術	木原武一著	160元
⑥猫型狗式鑑人術	淺野八郎著	180元
⑦逆轉運掌握術	淺野八郎著	180元
⑧人際圓融術	澀谷昌三著	160元
⑨解讀人心術	淺野八郎著	180元
⑩與上司水乳交融術	秋元隆司著	180元
⑪男女心態定律	小田晉著	180元
⑫幽默說話術	林振輝編著	200元
⑬人能信賴幾分	淺野八郎著	180元
⑭我一定能成功	李玉瓊譯	180元
⑮獻給青年的嘉言	陳蒼杰譯	180元
⑯知人、知面、知其心	林振輝編著	180元
⑰塑造堅強的個性	坂上肇著	180元
⑱爲自己而活	佐藤綾子著	180元
⑲未來十年與愉快生活有約	船井幸雄著	180元

・精 選 系 列・電腦編號 25

①毛澤東與鄧小平	渡邊利夫等著	280元
②中國大崩裂	江戶介雄著	180元
③台灣・亞洲奇蹟	上村幸治著	220元
④7-ELEVEN高盈收策略	國友隆一著	180元
⑤台灣獨立	森　詠著	200元
⑥迷失中國的末路	江戶雄介著	220元
⑦2000年5月全世界毀滅	紫藤甲子男著	180元
⑧失去鄧小平的中國	小島朋之著	220元

・運 動 遊 戲・電腦編號 26

①雙人運動	李玉瓊譯	160元
②愉快的跳繩運動	廖玉山譯	180元
③運動會項目精選	王佑京譯	150元
④肋木運動	廖玉山譯	150元

⑤測力運動 王佑宗譯 150元

•休 閒 娛 樂• 電腦編號 27

①海水魚飼養法 田中智浩著 300元
②金魚飼養法 曾雪玫譯 250元

•銀髮族智慧學• 電腦編號 28

①銀髮六十樂逍遙 多湖輝著 170元
②人生六十反年輕 多湖輝著 170元
③六十歲的決斷 多湖輝著 170元

•飲 食 保 健• 電腦編號 29

①自己製作健康茶 大海淳著 220元
②好吃、具藥效茶料理 德永睦子著 220元
③改善慢性病健康茶 吳秋嬌譯 200元

•家庭醫學保健• 電腦編號 30

①女性醫學大全 雨森良彥著 380元
②初為人父育兒寶典 小瀧周曹著 220元
③性活力強健法 相建華著 200元
④30歲以上的懷孕與生產 李芳黛編著 元

•心 靈 雅 集• 電腦編號 00

①禪言佛語看人生 松濤弘道著 180元
②禪密教的奧秘 葉逯謙譯 120元
③觀音大法力 田口日勝著 120元
④觀音法力的大功德 田口日勝著 120元
⑤達摩禪106智慧 劉華亭編譯 220元
⑥有趣的佛教研究 葉逯謙編譯 170元
⑦夢的開運法 蕭京凌譯 130元
⑧禪學智慧 柯素娥編譯 130元
⑨女性佛教入門 許俐萍譯 110元
⑩佛像小百科 心靈雅集編譯組 130元
⑪佛教小百科趣談 心靈雅集編譯組 120元
⑫佛教小百科漫談 心靈雅集編譯組 150元
⑬佛教知識小百科 心靈雅集編譯組 150元

⑭佛學名言智慧	松濤弘道著	220元
⑮釋迦名言智慧	松濤弘道著	220元
⑯活人禪	平田精耕著	120元
⑰坐禪入門	柯素娥編譯	150元
⑱現代禪悟	柯素娥編譯	130元
⑲道元禪師語錄	心靈雅集編譯組	130元
⑳佛學經典指南	心靈雅集編譯組	130元
㉑何謂「生」　阿含經	心靈雅集編譯組	150元
㉒一切皆空　般若心經	心靈雅集編譯組	150元
㉓超越迷惘　法句經	心靈雅集編譯組	130元
㉔開拓宇宙觀　華嚴經	心靈雅集編譯組	130元
㉕真實之道　法華經	心靈雅集編譯組	130元
㉖自由自在　涅槃經	心靈雅集編譯組	130元
㉗沈默的教示　維摩經	心靈雅集編譯組	150元
㉘開通心眼　佛語佛戒	心靈雅集編譯組	130元
㉙揭秘寶庫　密教經典	心靈雅集編譯組	130元
㉚坐禪與養生	廖松濤譯	110元
㉛釋尊十戒	柯素娥編譯	120元
㉜佛法與神通	劉欣如編著	120元
㉝悟（正法眼藏的世界）	柯素娥編譯	120元
㉞只管打坐	劉欣如編著	120元
㉟喬答摩・佛陀傳	劉欣如編著	120元
㊱唐玄奘留學記	劉欣如編著	120元
㊲佛教的人生觀	劉欣如編譯	110元
㊳無門關（上卷）	心靈雅集編譯組	150元
㊴無門關（下卷）	心靈雅集編譯組	150元
㊵業的思想	劉欣如編著	130元
㊶佛法難學嗎	劉欣如著	140元
㊷佛法實用嗎	劉欣如著	140元
㊸佛法殊勝嗎	劉欣如著	140元
㊹因果報應法則	李常傳編	140元
㊺佛教醫學的奧秘	劉欣如編著	150元
㊻紅塵絕唱	海　若著	130元
㊼佛教生活風情	洪丕謨、姜玉珍著	220元
㊽行住坐臥有佛法	劉欣如著	160元
㊾起心動念是佛法	劉欣如著	160元
㊿四字禪語	曹洞宗青年會	200元
51妙法蓮華經	劉欣如編著	160元
52根本佛教與大乘佛教	葉作森編	180元
53大乘佛經	定方晟著	180元
54須彌山與極樂世界	定方晟著	180元

㊺阿闍世的悟道	定方晟著	180元
㊻金剛經的生活智慧	劉欣如著	180元

•經 營 管 理• 電腦編號 01

◎創新經營六十六大計（精）	蔡弘文編	780元
①如何獲取生意情報	蘇燕謀譯	110元
②經濟常識問答	蘇燕謀譯	130元
④台灣商戰風雲錄	陳中雄著	120元
⑤推銷大王秘錄	原一平著	180元
⑥新創意•賺大錢	王家成譯	90元
⑦工廠管理新手法	琪　輝著	120元
⑨經營參謀	柯順隆譯	120元
⑩美國實業24小時	柯順隆譯	80元
⑪撼動人心的推銷法	原一平著	150元
⑫高竿經營法	蔡弘文編	120元
⑬如何掌握顧客	柯順隆譯	150元
⑭一等一賺錢策略	蔡弘文編	120元
⑯成功經營妙方	鐘文訓著	120元
⑰一流的管理	蔡弘文編	150元
⑱外國人看中韓經濟	劉華亭譯	150元
⑳突破商場人際學	林振輝編著	90元
㉑無中生有術	琪輝編著	140元
㉒如何使女人打開錢包	林振輝編著	100元
㉓操縱上司術	邑井操著	90元
㉔小公司經營策略	王嘉誠著	160元
㉕成功的會議技巧	鐘文訓編譯	100元
㉖新時代老闆學	黃柏松編著	100元
㉗如何創造商場智囊團	林振輝編譯	150元
㉘十分鐘推銷術	林振輝編譯	180元
㉙五分鐘育才	黃柏松編譯	100元
㉚成功商場戰術	陸明編譯	100元
㉛商場談話技巧	劉華亭編譯	120元
㉜企業帝王學	鐘文訓譯	90元
㉝自我經濟學	廖松濤編譯	100元
㉞一流的經營	陶田生編著	120元
㉟女性職員管理術	王昭國編譯	120元
㊱ＩＢＭ的人事管理	鐘文訓編譯	150元
㊲現代電腦常識	王昭國編譯	150元
㊳電腦管理的危機	鐘文訓編譯	120元
㊴如何發揮廣告效果	王昭國編譯	150元

國家圖書館出版品預行編目資料

好吃、具藥效茶料理／小國伊太郎、德永睦子著，
劉雪卿譯，——初版——臺北市；大展，民85
面；　公分——（飲食保健；2）
譯自：おいしいクスリお茶
ISBN 957-557-663-2（平裝）

1.茶　2.食譜　3.食物治療

427.41　　85013339

好吃、具藥效*茶料理*　ISBN 957-557-663-2

原著者／小國伊太郎、德永睦子
編譯者／劉雪卿
發行人／蔡森明
出版者／大展出版社有限公司
社　址／台北市北投區（石牌）致遠一路二段12巷1號
電　話／(02) 8236031・8236033
傳　眞／(02) 8272069
郵政劃撥／0166955－1
登記證／局版臺業字第2171號
承印者／高星企業有限公司
裝　訂／日新裝訂所
排版者／千兵企業有限公司
電　話／(02) 8812643
初　版／1997年（民86年）1月

定　價／220元

大展好書
好書大展